Sandra Odera

Integração de frases-chave como mecanismo de autenticação no comércio eletrónico

Sandra Odera

Integração de frases-chave como mecanismo de autenticação no comércio eletrónico

ScienciaScripts

Publisher:
Sciencia Scripts
is a trademark of
Dodo Books Indian Ocean Ltd. and OmniScriptum S.R.L publishing group

120 High Road, East Finchley, London, N2 9ED, United Kingdom
Str. Armeneasca 28/1, office 1, Chisinau MD-2012, Republic of Moldova, Europe
Printed at: see last page
ISBN: 978-620-7-63205-3

Resumo

O comércio eletrónico trouxe mudanças drásticas na forma como as transacções comerciais são conduzidas, levando os bancos e outras empresas a adotar sistemas de pagamento eletrónico. Não só oferece ao sector bancário e a outras empresas uma grande oportunidade, como também cria riscos e vulnerabilidades. Vários estudos continuam a revelar que a Segurança da Informação é um requisito técnico e de gestão essencial para qualquer atividade eficiente de transação de pagamentos através da Internet. Este estudo procurou contribuir para o desenvolvimento de um sistema de comércio eletrónico seguro, recorrendo à utilização de frases-chave. Estas são importantes para a segurança do comércio eletrónico, uma vez que são difíceis de decifrar, pois a maioria das ferramentas de decifração de palavras-passe altamente eficientes não consegue decifrar cerca de 10 caracteres. O principal objetivo desta investigação foi abordar questões de segurança relacionadas com o mecanismo de autenticação baseado em palavras-passe em sítios Web de comércio eletrónico, como a quebra de palavras-passe. A investigação pretendia conceber um sistema que tivesse a capacidade de atenuar a adivinhação de palavras-passe e os ataques de força bruta, uma vez que as palavras-passe permitem caracteres especiais como o espaço. Na sequência de uma revisão sistemática detalhada da literatura e da aplicação da ciência do design como conceção da investigação, foi desenvolvido um sistema de frases-chave com base na abordagem de programação orientada para objectos (OOP), utilizando PHP como linguagem de programação e o motor da base de dados MySQL como backend. Foi desenvolvido um protótipo e a sua validade foi testada por peritos em segurança para maior credibilidade. As reacções dos peritos foram tidas em conta para melhorar as medidas de segurança aplicadas às transacções em linha. O investigador utilizou discussões em grupos de discussão para recolher dados e feedback dos participantes. Foram-lhes colocadas questões durante as discussões dos grupos de discussão e estes deram feedback que seria útil para melhorar o protótipo desenvolvido. Foi utilizada uma amostragem por conveniência devido a restrições de tempo e de custos. De uma população de 20 pessoas, foi selecionada uma amostra de 7 peritos em segurança do departamento de TIC da Ihpiego Corporation. Foi utilizada a análise temática para analisar os dados; foram entao desenvolvidos códigos para representar os temas identificados e aplicados aos dados em bruto como marcadores de resumo para análise posterior. Recomenda-se que as frases-passe sejam concebidas para serem seleccionadas pelo utilizador, uma vez que são mais fáceis de utilizar do que as palavras-passe geradas pelo sistema. Os utilizadores também devem ter muito cuidado ao escrever ou armazenar as frases-chave. A política de frases-chave deve conter regras de composição e recomendações, como o comprimento mínimo, variações de caracteres e evitar palavras do dicionário e da cultura popular. Os resultados deste estudo beneficiarão os proprietários de sítios Web de comércio eletrónico, uma vez que esta medida de segurança reforçada adicionada ao sítio Web dará aos compradores mais confiança, mesmo quando efectuam transacções comerciais em linha.

RECONHECIMENTO

Este projeto não teria sido possível sem a orientação, a ajuda e o apoio de muitas pessoas importantes. Em primeiro lugar, gostaria de agradecer a Deus todo-poderoso por me ter dado paciência, determinação e capacidade para concluir este projeto. Sem Ele, não teria conseguido chegar até aqui. Gostaria de agradecer ao meu supervisor, Dr. Joshua Rumo, pelo seu apoio e orientação durante a redação deste projeto. Agradeço muito as suas inúmeras horas de supervisão e de leitura dos rascunhos da minha proposta de investigação e do meu projeto final. Sem a sua orientação, este projeto nunca teria sido concluído. O meu apreço vai para todos os meus professores que me prepararam para este estudo. Agradeço a Charity Wanjiru, Eric Githaiga e a todos os meus colegas de turma pelo seu encorajamento e discussões em várias fases do estudo. Um agradecimento especial aos meus pais, Bonn e Dorothy Jonyo, que me apoiaram financeiramente e também me deram os conselhos necessários. Aos meus irmãos, Elvis e Austin, que me deram assistência técnica durante o desenvolvimento do sistema. Por último, agradeço aos meus colegas Martin Simiyu, Lawrence Kimani e a outro pessoal de TI da Jhpiego que me ajudaram durante a recolha de dados, a quem entrevistei e a quem preenchi os questionários. Deus vos abençoe a todos!

ÍNDICE DE CONTEÚDOS

LISTA DE ABREVIATURAS

ATM   Automated Teller Machine

CEH   Certified Ethical Hacker

CISM Certified Information Security Manager

CISSP Certified Information Systems Security Professional

CCK   Communication Commission of Kenya

EDGE Enhanced Data Rated for GSM Evolution

ICT   Information Communication and Technology

IT   Information Technology

PCs   Personal Computers

SMBs Small and Medium Size Businesses

UNCTAD United Nations Conference on Trade and Development

CAPÍTULO 1

INTRODUÇÃO

1.1 Antecedentes do problema.

Na era do comércio eletrónico sem rosto, a autenticação proporciona uma identidade em linha crucial. A identidade e a autenticação são conceitos vitais em todos os mercados (Sinan & Sahin, 2010). No comércio tradicional, as credenciais físicas, como uma licença comercial ou uma carta de crédito, eram utilizadas para provar a identidade. Sinan e Sahin (2010) descrevem o comércio eletrónico como a utilização das telecomunicações e dos computadores para facilitar o comércio de bens e serviços. Também é referido como uma vasta gama de actividades comerciais em linha para produtos e serviços; e está sempre associado à compra e venda através da Internet (Zorayda, 2003). As tecnologias de autenticação e segurança apoiam as transacções de comércio eletrónico e garantem a segurança das transacções nas aplicações de comércio eletrónico. A informação é um ativo crítico para qualquer empresa e é importante garantir a integridade e a segurança dessa informação. Os dados recebidos devem provir de uma fonte fiável e deve ser possível identificar a pessoa com quem se está a lidar. A autenticação pode ajudar a estabelecer a confiança entre as partes envolvidas nas transacções (Thwarte, 2012).

De acordo com Cazier e Dawn (2011), a Internet continua a crescer a um ritmo cada vez maior e as transacções seguras de comércio eletrónico estão a tornar-se uma necessidade tanto para os consumidores como para as empresas. Apesar dos avanços na tecnologia de segurança, as palavras-passe continuam a desempenhar um papel central na segurança do sistema. O problema com as palavras-passe é que, com demasiada frequência, são o mecanismo de segurança mais fácil de derrotar. São omnipresentes e a maioria dos utilizadores sabe como as utilizar. Os administradores de sistemas também estão muito familiarizados com o seu funcionamento. Existem também muitas estruturas robustas que simplificam a implementação de palavras-passe. White e Shaw (2014) argumentam que grande parte da investigação formal se centrou noutras alternativas aos mecanismos baseados em palavras-passe, o que obrigou os administradores a utilizar métodos ad-hoc para melhorar a segurança.

Um relatório de Merchant (2014) sobre a ilusão de segurança dos dados pessoais no comércio eletrónico classificou as políticas de palavras-passe dos 100 maiores retalhistas electrónicos. Avaliou as políticas de palavras-passe dos 100 principais sítios de comércio eletrónico nos EUA, examinando 24 critérios de palavras-passe diferentes, identificados como importantes para a segurança em linha, e atribuiu pontos consoante um sítio cumpra ou não um critério. A cada critério é atribuído um valor de +/- pontos, o que leva a uma pontuação total possível entre -100 e 100 para cada sítio. Os

As principais conclusões foram as seguintes: 55% ainda aceitam senhas notoriamente fracas, como "123456" ou "password" e 51% não fazem nenhuma tentativa de bloquear a entrada após 10 entradas de senha incorretas (incluindo Amazon, Dell, Best Buy, Macy's e Williams-Sonoma). 61% dos sítios Web não fornecem qualquer conselho sobre como criar uma palavra-passe forte durante o registo e 93% não fornecem uma avaliação da força da palavra-passe no ecrã (Merchant, 2014), o que sugere que alguns dos principais sítios de comércio eletrónico nos EUA não implementam políticas básicas de palavra-passe que poderiam proteger adequadamente os dados pessoais dos seus utilizadores.

As frases-chave são um exemplo de um mecanismo alternativo ideal que reforçaria a autenticação baseada em palavras-passe. De acordo com Payne e Edwards (2008), a primeira tentativa de conceber um sistema de autenticação de utilizadores com base na usabilidade foi feita por Sigmund Porter em 1982. Porter argumentou que as frases-chave eram mais utilizáveis porque são mais fáceis de memorizar, especialmente em comparação com as palavras-passe geradas pelo sistema. Além disso, são mais longas do que as palavras-passe e oferecem um espaço-chave maior e, por conseguinte, mais segurança (20-40 caracteres ou mais). Ao contrário de uma palavra-passe de uma só palavra, a frase utilizada como frase-passe pode comunicar ou conter um significado especial. Com isto em mente, uma frase-chave escolhida pelo utilizador pode ter um significado pessoal para o indivíduo. Isto ajuda a melhorar a capacidade de memorização e, por conseguinte, de utilização da frase-chave (Payne & Edwards, 2008).

De acordo com Bonk (2014), o nível de segurança das frases-chave está intimamente relacionado com a política que orientou o utilizador durante a criação. Os utilizadores tendem a escolher frases-chave conhecidas de frases famosas, como citações de filmes, títulos, letras de canções e outras fontes da cultura pop. As frases-chave podem ser muito mais aleatórias do que as palavras-passe. O espaço total que deve ser enumerado por um atacante para cobrir a maioria das frases-chave é muito maior do que para as frases-chave. Se dermos aos utilizadores boas políticas de criação de frases-chave, as frases-chave podem ser muito seguras.

As frases-chave foram adoptadas em alguns sítios Web a nível mundial. Por exemplo, a Buckinghamshire New University adoptou a utilização de frases-chave e desenvolveu uma política de autenticação de utilizadores e de frases-chave. Todos os utilizadores de serviços da Bucks New University, incluindo contratantes e fornecedores com acesso a sistemas, são responsáveis por tomar as medidas adequadas para selecionar e proteger as suas frases-chave. Uma frase-chave mal escolhida pode comprometer toda a rede da universidade. As palavras-passe devem ser alteradas regularmente; as palavras-passe dos administradores e dos estudantes devem ser alteradas de 90 em 90 dias e as dos funcionários de 120 em 120 dias. Todas as palavras-passe ao nível do utilizador e ao nível do sistema têm de estar em conformidade com as directrizes definidas pela universidade (Buckinghamshire New University, 2015).Em África, tem havido utilização de palavras-passe em países como a África do Sul. A Vodacom, um operador móvel na África do Sul, introduziu uma palavra-passe de voz para os clientes que utilizam a aplicação My Vodacom. Em vez de uma série de perguntas de segurança e pins longos, a aplicação permite a biometria por voz, de modo a que os clientes possam dizer uma frase-passe simples para verificar a sua identidade (Craig & Crouse, 2006).

A investigação sobre a segurança das palavras-passe aumentou drasticamente nos últimos 20 anos (Ives & Walsh, 2004). Apesar da maior sensibilização para o tema da proteção por palavra-passe, as vulnerabilidades das palavras-passe continuam a ser significativas. Muitos dos actuais sítios de comércio eletrónico permitem o acesso aos dados e ao sistema em rede, concedendo permissões através da utilização de palavras-passe. O aumento da utilização de palavras-passe e logins revelou vários problemas associados à dificuldade dos utilizadores em desenvolver e memorizar palavras-passe. Na maioria dos sítios de comércio eletrónico, os consumidores têm a responsabilidade de criar as suas próprias palavras-passe e fazem-no frequentemente sem a orientação do administrador do sistema. A maioria dos clientes não cria palavras-passe longas ou complicadas porque isso seria difícil de recordar. Cazier e Dawn (2011) acrescentam ainda que muitas das deficiências dos sistemas de autenticação por palavra-passe resultam das limitações da capacidade cognitiva humana. O objetivo deste projeto é atenuar os problemas de autenticação baseados em palavras-passe através da utilização de frases-passe.

1.2 Declaração do problema

No atual ambiente de comércio eletrónico, em que cada vez mais utilizadores participam em compras em linha, operações bancárias e outras transacções electrónicas, é muito mais fácil para os hackers entrarem nos sistemas em rede do que se poderia pensar (Cazier & Dawn, 2011). No entanto, os mecanismos de autenticação baseados em palavras-passe têm várias desvantagens que podem comprometer a segurança dos sítios Web de comércio eletrónico (Cazier & Dawn, 2011). Infelizmente, muitos sistemas de segurança são concebidos de forma a que a segurança dependa inteiramente de uma palavra-passe secreta. Cheswick e Bellovin (2011) referem que as palavras-passe fracas são a causa mais comum de invasão de sistemas.

As palavras-passe são vulneráveis a ataques de dicionário; os piratas informáticos pegam numa lista de palavras do dicionário, comparam-nas com o algoritmo de hashing utilizado para fazer o hashing das palavras-passe e encontram as correspondências. As listas de dicionários são criadas utilizando um programa automatizado que inclui um ficheiro de texto com palavras que são comuns num dicionário. O programa tenta repetidamente iniciar sessão no sistema alvo, utilizando uma palavra diferente do ficheiro de texto em cada tentativa. As palavras-passe geradas pelo sistema, que eram uma técnica para reforçar as palavras-passe, são também difíceis de memorizar pelo utilizador e podem ser decifradas num dia através de um ataque de força bruta. Quando os utilizadores escrevem estas palavras-passe complexas num pedaço de papel, criam uma lacuna, uma vez que uma pessoa mal intencionada pode roubá-las e aceder facilmente ao sistema. Outra preocupação seria o facto de, por muito que estas palavras-passe sejam difíceis de memorizar para os humanos, serem fáceis de adivinhar para os computadores. Foram criadas aplicações como o Brutus que as decifram facilmente.

Por conseguinte, é importante criar mecanismos de autenticação mais seguros no sector do comércio eletrónico (Merchant, 2014). O sistema proposto atenuará um dos principais desafios da autenticação baseada em palavras-passe, que é a quebra de palavras-passe. As frases-passe são mais fáceis de memorizar e mais seguras do que as palavras-passe tradicionais (Bonk, 2014). Foram efectuados estudos sobre as vantagens e desvantagens das frases-chave em termos de segurança. No entanto, estes estudos não foram transpostos para o sector do comércio eletrónico. Este estudo procurou desenvolver um sistema de comércio eletrónico seguro através da utilização de frases-chave.

1.3 Objetivo do estudo
O objetivo do estudo era criar um mecanismo de autenticação seguro que pudesse ser integrado em sítios Web de comércio eletrónico. Este estudo propôs a utilização de frases-chave como medida de segurança quando os utilizadores participam em transacções em linha.

1.4 Objectivos do estudo.
Os objectivos da investigação neste estudo foram:

1. Identificar os desafios enfrentados quando se utilizam mecanismos de autenticação baseados em palavras-passe.
2. Determinar como as frases-chave podem ser utilizadas para resolver desafios de autenticação baseados em palavras-passe através da implementação de políticas de frases-chave.
3. Implementar um sistema de passphrase que será integrado nos sítios Web de comércio eletrónico.

1.5 Justificação do estudo
O estudo tem por objetivo fornecer um mecanismo de autenticação mais seguro que reforce a segurança do comércio eletrónico. Isto reduziria o sucesso dos ataques de dicionário e de força bruta. O estudo também contribui para uma melhor compreensão da importância de proteger os sistemas de comércio eletrónico quando se efectuam transacções em linha, bem como para propor um sistema que pode ser adotado. Os proprietários de sítios Web de comércio eletrónico, bem como os seus utilizadores, podem consultar a literatura escrita sobre a importância da segurança do comércio eletrónico, bem como adotar o sistema proposto para melhorar a segurança.

1.6 Âmbito do estudo
O estudo foi realizado no âmbito do comércio eletrónico. O estudo envolveu a análise das tecnologias existentes para proteger as transacções de comércio eletrónico, as lacunas, os desafios e as soluções para esses desafios. O estudo centra-se principalmente na utilização de passphrase para proteger os sistemas de comércio eletrónico.

1.7 Limitações do estudo

Há aspectos que podem facilmente influenciar negativamente os resultados. Alguns dados podem estar desactualizados, uma vez que os dados publicados na Internet podem ficar desactualizados muito rapidamente devido às mudanças na indústria. Estes dados recolhidos através da investigação secundária podem não indicar exatamente os acontecimentos actuais, mas podem ser utilizados eficazmente na análise de séries cronológicas. (Para identificar padrões históricos e ciclos de tendências para prever os desenvolvimentos futuros). Alguns investigadores podem também ser tendenciosos, o que comprometeria a fiabilidade e a validade dos dados. Devido ao facto de a segurança do comércio eletrónico ser importante, a investigação procurará descobrir o que pode ser feito para melhorar os controlos de segurança em vigor.

1.8 Definição de termos

Autenticação - O processo de determinar se a pessoa que solicita um recurso é a pessoa que afirma ser. Permite o controlo do acesso e a responsabilização do utilizador (Kumar & Bilandi, 2014).

Brutus- Um cracker de senhas de força bruta online que é usado para quebrar o Protocolo de Transferência de Arquivos (FTP), Protocolo de Transferência de Hipertexto (HTTP) e Telnet.

Comércio eletrónico - Uma vasta gama de actividades comerciais em linha para produtos e serviços; está sempre associado à compra e venda através da Internet (Zorayda, 2003)

Capacidade cognitiva humana - Método de seleção utilizado para testar os conhecimentos e as capacidades de uma pessoa (Bonk, 2014)

Frases-senha - São uma melhoria das palavras-passe e são superiores às palavras-passe tanto em termos de usabilidade como de segurança (Andersson & Saeden, 2013).

Palavras-passe - Uma sequência não espaçada de caracteres utilizada para aceder a um sistema informático ou a uma rede. São utilizadas para autenticação, validação e verificação no comércio eletrónico (Cazier & Dawn, 2011).

1.9 Resumo do capítulo

Este capítulo abordou a panorâmica geral deste estudo, com uma introdução ao comércio eletrónico e algumas das preocupações de segurança da palavra-passe. A declaração do problema, os antecedentes e a justificação do estudo também são aqui abordados. Existem três objectivos principais deste projeto que requerem uma compreensão completa para serem alcançados com êxito. No capítulo seguinte, é apresentada a revisão da literatura que fornece a base teórica para este estudo. O conteúdo do problema e os temas que serviram de base à revisão da literatura são discutidos em pormenor.

CAPÍTULO 2

2.0 REVISÃO DA LITERATURA

2.1 Introdução

O objetivo deste capítulo é analisar a literatura relacionada com o conteúdo do problema. Os temas sob os quais a literatura será analisada são os seguintes Principais tendências no comércio eletrónico; desafios da autenticação baseada em palavras-passe, técnicas utilizadas para criar frases-passe. A secção termina com um resumo do capítulo.

2.2 Principais tendências no comércio eletrónico.

De acordo com Quinn, Biondi e Penmetcha (2014), os Estados Unidos têm registado elevadas taxas de crescimento do comércio eletrónico e são uma das áreas de crescimento mais rápidas e promissoras para as empresas que pretendem expandir-se para os mercados internacionais. O crescimento em mercados como o Reino Unido, o Japão e a Europa Ocidental está a abrandar para dar lugar a mercados emergentes na América Latina, na Europa de Leste e também na Ásia-Pacífico, que tem tido a base de mercado mais forte nos últimos três anos. A indústria global do comércio eletrónico registou um crescimento impressionante em 2014, com bens e serviços no valor de 1,5 biliões de dólares comprados por compradores online através de tablets, smartphones e outros dispositivos inteligentes. Os anunciantes estão agora a gastar mais dos seus orçamentos de marketing em publicidade na Internet. Prevê-se que esta despesa ultrapasse os 160 mil milhões de dólares em 2015, dos quais mais de 58 mil milhões de dólares serão gastos em publicidade gráfica (Criteo, 2015).

É essencial dispor de um quadro jurídico adequado para criar confiança em linha e garantir as interacções electrónicas entre empresas, consumidores e autoridades públicas. A investigação da Conferência das Nações Unidas sobre Comércio e Desenvolvimento (CNUCED) mostra que a disponibilidade de leis relevantes em quatro áreas jurídicas essenciais para aumentar a confiança dos utilizadores no comércio eletrónico - leis sobre transacções electrónicas, proteção dos consumidores, proteção da privacidade e dos dados e cibercriminalidade - é geralmente elevada nos países desenvolvidos, mas inadequada em muitas outras partes do mundo (CNUCED, 2015).

Um relatório da UNCTAD (2016) mostra a percentagem de sítios Web B2C (Business to Customer) na União Europeia em 2014; preocupações de segurança na Nova Zelândia em 2012:

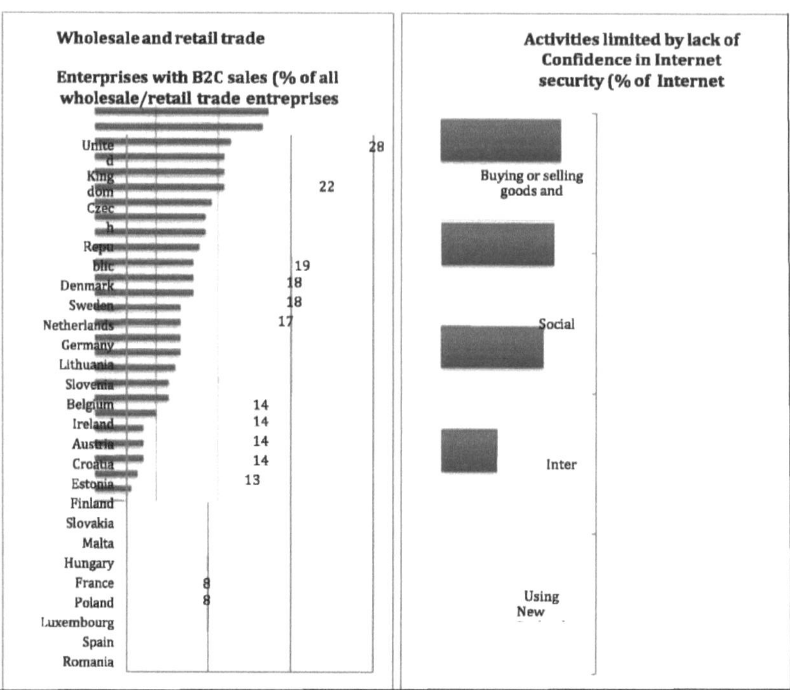

Figura 2.1 Percentagem de sítios Web B2C na União Europeia: 2014

Fonte: UNCTAD (2016)

O relatório Vantiv (2016) menciona aspetos a ter em conta em 2016:

- As pequenas e médias empresas (PME) correm o maior risco de fraude. Atualmente, 71% dos ciberataques têm como alvo as pequenas empresas, de acordo com um relatório da Trust wave, e espera-se que este número aumente à medida que a Europay, MasterCard e Visa (EMV) se torna mais sólida.

manter. Para atenuar estes ataques, as PME terão de se concentrar em garantir que todos os dados dos clientes são encriptados e, por conseguinte, mais seguros durante todo o processo de transação.

- Os clientes preferem a segurança à simplicidade: Em 2015, mais de 178 milhões de registos de consumidores foram perdidos ou roubados, de acordo com um relatório da credit.com (Vantiv, 2016). Isto levou os consumidores a serem mais conscientes sobre onde partilham as suas informações pessoais. Os clientes estarão dispostos a aceitar alguns passos adicionais durante o processo de checkout em troca de uma maior segurança. Tendo isto em conta, prevê-se que os comerciantes de comércio eletrónico que não satisfaçam estas expectativas comecem a perder negócio. Terão de incluir tácticas de segurança nas suas estratégias de aceitação de pagamentos para se precaverem contra ciberataques, tendo em conta o valor que os consumidores atribuem à segurança.

1.1.1 Estudos sobre comércio eletrónico no Quénia

Gikandi e Bloor (2010) realizaram um estudo para investigar os factores que inibem a adoção do comércio eletrónico no Quénia. As conclusões foram as seguintes: falta de recursos, o que levou os bancos a recorrer a alianças para reunir recursos, mudança constante de tecnologia e disponibilidade de tempo para o desenvolvimento de sistemas, falta de acesso à Internet por parte da maioria das pessoas, especialmente nas zonas rurais, a introdução da banca em linha introduziu riscos que exigem novas estratégias de gestão de riscos, incluindo a segurança da Internet, questões relacionadas com os clientes e questões jurídicas. O Governo queniano foi igualmente instado a criar um ambiente seguro para as actividades bancárias em linha.

Kaburia (2004) analisou as alternativas de pagamentos em linha existentes no Quénia e no mundo. Os objectivos do estudo eram descobrir se a falta de alternativas adequadas de pagamento em linha no Quénia constituía um obstáculo para as organizações e os seus clientes e examinar os desafios enfrentados pelos fornecedores e consumidores de serviços de pagamento eletrónico e de comércio eletrónico no Quénia. Concluiu-se que a falta destas alternativas de pagamento constituía um impedimento ao crescimento do comércio eletrónico no Quénia.

Muitos investigadores concluem que as empresas dos países em desenvolvimento podem aumentar e melhorar o seu desempenho, especialmente no que diz respeito ao comércio internacional, através da utilização do comércio eletrónico. Isto porque aumentará a disponibilidade de informação relevante e atempada e reduzirá os custos e o tempo das transacções. Isto melhorará o acesso dos países em desenvolvimento aos mercados internacionais. Por conseguinte, espera-se que invistam no comércio eletrónico, especialmente para clientes e fornecedores distantes (Kinyanjui & McCormick, 2002).

Kanyaru e Kyalo (2015) afirmam que as plataformas de comércio eletrónico estão a aumentar rapidamente no Quénia e que são necessárias medidas de segurança adequadas para garantir a confidencialidade e a integridade das informações sensíveis. Sugerem as seguintes recomendações para as organizações que operam plataformas de comércio eletrónico em Nairobi. Em primeiro lugar, a necessidade de gestão e governação do risco empresarial para as plataformas de comércio eletrónico. As organizações têm de identificar e abordar as ameaças relacionadas com a proteção de dados sensíveis nas transacções de comércio eletrónico. Devem também concentrar-se na governação e gestão dos riscos empresariais relacionados com dados confidenciais nas transacções de comércio eletrónico.

As organizações devem realizar auditorias internas e externas para garantir que as actividades de gestão do risco associadas à segurança das transacções de comércio eletrónico são orientadas pelas melhores práticas. A segurança dos dados e a gestão da informação nas transacções de comércio eletrónico devem ser sólidas. A encriptação é também necessária para garantir a integridade das informações sensíveis partilhadas nas transacções de comércio eletrónico (Kanyaru & Kyalo, 2015).

A Weza Tele e a iHub Research (Kitonyi, 2015) realizaram um estudo de dois meses em Nairobi, a partir de março de 2012, para compreender os hábitos de encomenda dos consumidores e de distribuição dos vendedores. Com as novas tendências que surgem no sector do fornecimento e da distribuição (comércio eletrónico e comércio móvel), o estudo procurou compreender os hábitos actuais neste sector; os desafios enfrentados por consumidores e vendedores; os métodos preferidos de encomenda e distribuição de bens e serviços; a procura de uma solução de comércio móvel online. Os resultados da investigação informariam a Weza Tele e outras empresas de comércio eletrónico sobre as oportunidades existentes na gestão das cadeias de abastecimento e distribuição na área do comércio móvel. Foram entrevistados 28 clientes e 21 vendedores em vários locais do Central Business District de Nairobi e arredores.

As principais conclusões desta investigação foram as seguintes:

- **Tendências de encomendas:** 82% dos consumidores fazem as suas encomendas manualmente e 87,5% dos vendedores (85,7%) processam as encomendas efectuadas manualmente. Apesar de 62% dos vendedores disporem de um sistema de ponto de venda (POS), 95% ainda recebem as encomendas manualmente, escrevendo-as em papel e registando-as posteriormente no seu sistema. 90,4% dos pagamentos dos clientes são feitos em dinheiro e, em seguida, em dinheiro móvel; os pagamentos *MPESA* estão também a tornar-se populares na maioria dos estabelecimentos comerciais.

- **Tendências de distribuição:** Os resultados revelaram que 71,4% dos clientes entrevistados fazem atualmente fila para que as suas encomendas sejam preparadas e levam-nas consigo após o pagamento. A entrega das mercadorias encomendadas não é tão comum; de facto, apenas 3,6% dos clientes esperaram que as mercadorias encomendadas lhes fossem entregues. Trata-se sobretudo de encomendas efectuadas em linha ou através de chamada telefónica.

- **Preferência por uma solução de comércio móvel:** 71,4% dos consumidores e 81% dos vendedores utilizam o comércio móvel para efetuar transacções comerciais.

De acordo com as estatísticas da Comissão de Comunicações do Quénia (CCK), houve um aumento significativo do número de assinantes de serviços móveis no país, de 26,49 milhões de assinaturas registadas no trimestre anterior para 28,08 milhões de assinaturas de serviços móveis em janeiro de 2012. Os serviços e a utilização de dados continuam a registar um aumento notável, com 6.152.687 assinaturas de Internet, contra 5,4 milhões no trimestre anterior. Isto representa um número estimado de 17,38 milhões de utilizadores da Internet no país. Estes números mostram que existe potencial para a adoção e o aumento da utilização de transacções de comércio eletrónico no mercado. Para além disso, o comércio móvel também apresenta um grande mercado, uma vez que 98% do acesso à Internet é feito através de 3G/EDGE/GPRS, essencialmente, um dispositivo móvel (Kitonyi, 2012). O relatório da CCK centrou-se no pagamento móvel e nas estatísticas relacionadas. Entre os principais intervenientes e partes interessadas na indústria está o M-PESA (M de mobile, Pesa é dinheiro em suaíli), um sistema de pagamento eletrónico que é acessível a partir de telemóveis comuns. (*O M-PESA* registou um crescimento excecional desde a sua introdução pela Safaricom no Quénia, em março de 2007 (Kitonyi, 2012).

2.3 Mecanismos de autenticação baseados em palavras-passe

Com o crescimento exponencial da Internet e do comércio eletrónico, a necessidade de transacções seguras tornou-se uma necessidade tanto para os consumidores como para as empresas. Apesar dos avanços na tecnologia de segurança, as palavras-passe continuam a desempenhar um papel central na segurança do sistema. A dificuldade com as palavras-passe é que, com demasiada frequência, são o mecanismo de segurança mais fácil de derrotar (Cazier & Dawn, 2011). A autenticação de palavras-passe fortes continua a ser um problema difícil na criptografia, apesar dos avanços nos criptossistemas simétricos (chave secreta) e assimétricos (chave pública). Eis as principais categorias de sistemas de autenticação por palavra-passe, juntamente com alguns exemplos de implementações que ilustram as suas falhas: A autenticação baseada em palavra-passe é vulnerável a ataques se for utilizada em canais de comunicação inseguros, como a Internet. Os investigadores criaram vários protocolos para evitar ataques, mas ainda há necessidade de modelos para analisar e ajudar na conceção eficaz de protocolos de palavra-passe aceitáveis, orientados para evitar ataques de dicionário (Chakrabarti & Singhal, 2007).

De acordo com Chakrabati e Singhal (2007), as palavras-passe tornaram-se a técnica de autenticação mais popular porque são baratas e cómodas. No entanto, a autenticação baseada em palavras-passe é vulnerável a várias formas de ataque. Os utilizadores tendem a selecionar palavras-passe curtas e fáceis de memorizar sem ter em conta a vulnerabilidade. Entretanto, as palavras-passe complexas podem perder-se ou ser roubadas quando os utilizadores as anotam, anulando o objetivo de criar mecanismos de autenticação seguros baseados em palavras-passe. De acordo com Bonk (2014), as palavras-passe têm sido estudadas há décadas e sabe-se que são vulneráveis a uma série de ataques maliciosos. As políticas relativas às palavras-passe são geralmente mal implementadas, o que facilita a descoberta de palavras-passe por parte de utilizadores mal-intencionados. Menciona ainda que as palavras-passe são fáceis de implementar para os programadores e as organizações, mas exigem que os utilizadores façam sacrifícios em termos de segurança.

2.3.1 Preocupações de segurança do mecanismo de autenticação com base em palavras-passe

As palavras-passe para utilização em computadores remontam, pelo menos, à década de 1960. A primeira menção de senhas de computador na literatura foi feita no Compatible Time Sharing System (CTSS) do

Massachusetts Institute of Technology (MIT), que foi um dos primeiros sistemas operativos multiutilizadores. Nessa altura, as palavras-passe eram utilizadas para separar e identificar os utilizadores, a fim de controlar a sua utilização de recursos limitados, como o tempo de CPU (Anderson & Singer, 2013). Um estudante de pós-graduação do sistema CTSS, que necessitava de mais tempo de computação do que o atribuído, admitiu ter tirado partido de um bug no sistema para obter uma cópia do ficheiro de palavras-passe, que não tinha hash.

A transmissão de uma palavra-passe em texto simples do utilizador para o servidor é o método mais simples e mais inseguro de autenticação baseada em palavra-passe. Para validar a palavra-passe de um utilizador, o servidor compara-a com uma palavra-passe armazenada num ficheiro. No entanto, este método permite que um adversário espie passivamente o canal de comunicação para saber a palavra-passe (Chakrabarti & Singhal, 2007).

Para garantir a segurança contra a escuta passiva, os investigadores desenvolveram protocolos de desafio-resposta. Para o iniciar, a entidade A envia uma mensagem com a sua identidade à entidade B. Em seguida, B envia um número aleatório, que é designado por desafio. A utiliza então o desafio e a sua palavra-passe para efetuar um cálculo e envia o resultado, denominado resposta, para B. B utiliza então a palavra-passe armazenada de A para efetuar o mesmo cálculo e verificar a resposta. Uma vez que B escolhe um desafio diferente para cada execução do protocolo, um adversário não pode simplesmente escutar ou registar as mensagens (Chakrabarti & Singhal, 2007). O protocolo de desafio-resposta é vulnerável a um ataque de adivinhação de palavra-passe. Neste tipo de ataque, parte-se do princípio de que o hacker já construiu uma base de dados de possíveis palavras-passe. Ele escuta o canal e grava a transcrição de uma execução bem sucedida do protocolo para aprender o desafio e a resposta aleatórios. Depois, o adversário selecciona palavras-passe do dicionário e tenta gerar uma resposta que corresponda à gravada. Se houver uma correspondência, o adversário adivinhou com sucesso a palavra-passe de A.

Outra preocupação é a facilidade com que as palavras-passe podem ser alteradas. A reposição de palavras-passe depende frequentemente das informações pessoais do utilizador, o que pode ser vulnerável à engenharia social. Um hacker pode fingir telefonar a um utilizador de uma instituição financeira para verificar a sua identidade. As perguntas de segurança colocadas são normalmente fracas e podem ser reveladas pelos utilizadores através dos seus perfis. Outro perigo é que, quando um pirata informático acede ao correio eletrónico de um utilizador, pode também ter acesso a outras contas se este tiver utilizado o mesmo endereço eletrónico para se registar. Esta é a chamada vulnerabilidade de ponto único de falha, que coloca o utilizador em grande risco. Os utilizadores tentarão diminuir o fardo de terem de se lembrar de palavras-passe em detrimento da segurança. Os utilizadores baixam as senhas, aumentando o potencial de comprometimento das mesmas. No caso de muitos sistemas, os utilizadores podem escolher uma única palavra-passe para todos os sistemas (Cazier & Dawn, 2011).

De acordo com Cazier e Dawn (2011), é lamentável que os consumidores nem sempre pratiquem as acções recomendadas para as palavras-passe. Os consumidores, bem como as organizações, exibem por vezes uma atitude casual em relação aos crimes de segurança. Podem sentir que são insignificantes e que um atacante não tem motivos para os atingir. Outra atitude comum dos consumidores é que a sua conta pode ser vulnerável, mas não afectaria todo o sistema. A maioria dos sítios de comércio eletrónico permite que o consumidor crie uma palavra-passe e não o obriga a alterá-la. Este é também um problema de segurança, uma vez que o objetivo de uma alteração regular da palavra-passe é limitar o tempo disponível para um intruso decifrar a palavra-passe de um consumidor. Se uma palavra-passe antiga for reutilizada, os atacantes terão mais tempo para a decifrar.

2.4 Mecanismos de autenticação baseados em frases-chave

Uma palavra-passe é uma sequência de caracteres de um conjunto de caracteres permitidos e autentica os utilizadores. Pode ter qualquer comprimento e conteúdo; no entanto, a palavra-passe normal de um computador é curta, tem cerca de 5 a 16 caracteres e é constituída por caracteres e símbolos aleatórios. Pelo contrário, uma frase-chave é constituída por 3-4 palavras em linguagem natural, com ou sem espaços, e forma uma espécie de frase. (Anderson & Saeden, 2013). A seleção de palavras com significados pessoais também pode ajudar a memorizar a frase-chave. As frases-chave são mais longas do que as palavras-passe por motivos de segurança e impedem que pessoas não autorizadas acedam a ficheiros e recursos confidenciais. Kini, Jha e Rao (2013) descrevem uma frase-senha como um tipo de palavra-passe, e a distinção entre as duas não é muito definida.

Uma frase-chave forte deve ter as seguintes características (Microsoft Corporation, 2010):

- 20 a 30 caracteres.
- Deve ser uma série de palavras que criam uma frase.
- Não deve conter frases ou palavras comuns no dicionário
- Deve ser diferente das palavras-passe ou frases-passe utilizadas anteriormente.
- Um utilizador deve poder utilizar um acrónimo da frase-chave para facilitar a sua memorização.

A frase-passe tem o potencial de ajudar a melhorar a usabilidade e a segurança da autenticação baseada em texto (Bonk, 2014). Estas tiram partido da mnemónica porque são compostas por uma frase ou sentença, que é mais familiar do que números e símbolos. Bonk sugere ainda que as frases-passe podem tornar-se mais memoráveis se forem abordadas como uma história e escritas como uma frase ou frase normal. Isto, por sua vez, torná-la-á mais utilizável.

Keith, Shao e Steinbart (2007) analisaram a questão da capacidade de os utilizadores se lembrarem de frases-chave mais longas, a força da frase-chave contra ataques e a satisfação dos utilizadores que utilizam frases-chave. A principal conclusão foi que as frases-chave conduzem a mais erros tipográficos. Estes são erros que ocorrem quando se escreve a frase-chave. Os utilizadores consideraram as palavras-passe mais difíceis, mas os resultados do estudo provaram que não eram mais difíceis de memorizar do que outros métodos de palavra-passe. Na 6th semana da experiência, verificou-se uma curva de aprendizagem significativa; a diferença de erros de digitação entre palavras-passe e frases-passe tinha desaparecido. Na décima semana, os utilizadores classificam a autenticação com frases-senha como superior à das palavras-passe. A investigação mostrou ainda que, embora os utilizadores possam ter tido dificuldade em escrever a sua frase-chave, isso deveu-se a erros tipográficos e não a erros de memória. Antes de contabilizar os erros tipográficos, as taxas de início de sessão para a palavra-passe de forma livre, a palavra-passe rigorosa e a frase-chave foram de 85,61%, 80,38% e 71,58%, respetivamente. Após a contabilização dos erros tipográficos, foram de 87,50%, 84,21% e 85,86%, respetivamente (Keith, Shao, & Steinhart, 2007). Nielsen e Vedel (2009) conceberam um protótipo que armazenava de forma segura as frases-chave seleccionadas pelo utilizador em sistemas baseados em Linux. O protótipo permitia a tolerância a erros durante as tentativas de início de sessão. O único problema é que é necessário ter frases de texto simples para determinar a distância entre a frase de acesso fornecida pelo utilizador e a que o servidor mantém registada.

As frases-senha são mais utilizáveis quando concebidas corretamente, porque têm vantagens de cognição da memória. Também é necessário analisar as vantagens das frases-senha em termos de segurança. Tradicionalmente, a segurança era medida utilizando a entropia. A entropia refere-se à aleatoriedade recolhida por uma aplicação para utilização em criptografia (Bonneau & Shutova, 2014). O cálculo da aleatoriedade das frases-passe escolhidas pelo utilizador é difícil, uma vez que os utilizadores não as escolhem uniformemente. Para simplificar, Bonk (2014) assumiu que cada carácter tem a mesma probabilidade de ser colocado numa palavra-passe. Isto ajudaria a determinar uma estimativa teórica para o número de tentativas que seriam necessárias para determinar a palavra-passe. Por exemplo, se houver uma palavra-passe de 8 caracteres limitada à política de letras maiúsculas e minúsculas e números. A fórmula para calcular a entropia, de acordo com o National Institute of Standards and Technology (NIST), de uma palavra-passe de 8 caracteres gerada aleatoriamente é

Entropia de Shannon em bits = log2 648 = 48 bits

O cálculo da entropia parte do princípio de que existem 8 caracteres possíveis na palavra-passe e que cada um deles pode ser um dos 64 caracteres diferentes. Trata-se de uma estimativa excessiva, uma vez que os modelos linguísticos podem ser utilizados para determinar as probabilidades dos caracteres, uma vez que as línguas não são aleatórias (Bonk, 2014).

2.4.1 Estratégias de criação de frases-chave

As frases-chave são mais fáceis de memorizar do que as palavras-passe, ao mesmo tempo que proporcionam potencialmente mais segurança do que uma palavra-passe tradicional. São compostas mais como uma frase ou sentença. Uma das técnicas mais comuns para a criação de frases-chave é conhecida como diceware; esta técnica é utilizada para gerar frases-chave criptograficamente fortes. Baseia-se no princípio de que a seleção aleatória de palavras de uma lista de palavras pode resultar em palavras-passe facilmente memorizáveis e resistentes a ataques. O Diceware tradicional utiliza o lançamento de dados físicos, esta aplicação utiliza um gerador de números aleatórios forte em vez dos dados. As frases-passe com seis palavras ou mais são consideradas mais seguras para aplicações de segurança muito elevada (Camut & Hora , 2011). O Diceware Passphrase Generator é uma lista de palavras indexada de modo a que as palavras possam ser seleccionadas aleatoriamente através do lançamento de cinco dados. A lista contém 7776 palavras inglesas curtas, abreviaturas e cadeias de caracteres fáceis de memorizar. O comprimento médio de cada palavra é de cerca de 4,2 caracteres. As palavras mais longas têm seis caracteres.

2.4.1.1 Utilizar o Diceware

Para utilizar a lista Diceware, é necessário um ou mais dados que podem ser facilmente adquiridos numa loja de desporto. Descarregue a lista Diceware e imprima-a se precisar de uma cópia em papel. Decida quantas palavras quer na sua frase-chave. Uma frase-passe de cinco palavras proporciona um nível de segurança muito superior ao das palavras-passe simples que a maioria das pessoas utiliza (Camut & Hora ,2011).

O dado é então lançado e os resultados são escritos num papel. Os números são escritos em grupos de cinco. Faça tantos destes grupos de cinco dígitos quantas as palavras que quiser na sua frase-passe. O dado pode ser lançado cinco vezes. Procure cada número de cinco dígitos na lista do Diceware e encontre a palavra que lhe está associada. Por exemplo, 21124 significa que a palavra da frase secreta seguinte será "clip"

Quando tiver terminado, as palavras que encontrou são a sua nova frase-chave. Memorize-as e depois destrua o papel ou guarde-o num local muito seguro.

Exemplo de geração de frase-passe utilizando o Diceware:

Para uma frase-passe de seis palavras (recomendado). Precisará de 6 vezes 5 ou 30 lançamentos de dados. Digamos que resultam em:

1,6, 6, 6, 5,1, 5, 6, 5, 3, 5, 6, 3, 2, 2, 3, 5, 6,

1, 6, 6, 5, 2, 2, 4, 6, 4, 3,2, e 6.

Escreve os resultados numa folha de papel, em grupos de cinco rolos:

1 6665

1 5 65 3

56322

3 5 6 1 6

65224

643 26

De seguida, procura cada grupo de cinco rolos na lista de palavras do Diceware, encontrando o número na lista e escrevendo a palavra junto ao número:

1 6 6 6 5 fenda

1 5 6 5 3 cam

5 6 3 2 2 Sínodo

3 5 6 1 6 rendilhado

6 5 2 2 4 ano

6 4 3 2 6 wok

A sua frase-passe seria então: **cleft cam synod lacy yr wok**

Diceware.com Dice-Indexed Passphrase Word List

11111	a	11241	act	11411	agave	11541	alden
11112	a&p	11242	acton	11412	age	11542	alder
11113	a's	11243	actor	11413	agee	11543	ale
11114	aa	11244	acts	11414	agenda	11544	alec
11115	aaa	11245	acuity	11415	agent	11545	aleck
11116	aaaa	11246	acute	11416	agile	11546	aleph
11121	aaron	11251	ad	11421	aging	11551	alert
11122	ab	11252	ada	11422	agnes	11552	alex
11123	aba	11253	adage	11423	agnew	11553	alexei
11124	ababa	11254	adagio	11424	ago	11554	alga
11125	aback	11255	adair	11425	agone	11555	algae
11126	abase	11256	adam	11426	agony	11556	algal
11131	abash	11261	adams	11431	agree	11561	alger
11132	abate	11262	adapt	11432	ague	11562	algol
11133	abbas	11263	add	11433	agway	11563	ali
11134	abbe	11264	added	11434	ah	11564	alia
11135	abbey	11265	addict	11435	ahead	11565	alias
11136	abbot	11266	addis	11436	ahem	11566	alibi
11141	abbott	11311	addle	11441	ahoy	11611	alice
11142	abc	11312	adele	11442	ai	11612	alien
11143	abe	11313	aden	11443	aid	11613	alight
11144	abed	11314	adept	11444	aida	11614	align
11145	abel	11315	adieu	11445	aide	11615	alike
11146	abet	11316	adjust	11446	aides	11616	alive

Figura 2.2: Lista de palavras da frase secreta do Diceware

Fonte: Camut e Hora (2011)

Nielsen e Vedel (2009) dão orientações sobre a forma de criar frases-chave fortes para proteger a privacidade do utilizador quando este faz a autorização através de um sistema de controlo de acesso. Estas directrizes são as seguintes:

I. A frase-chave deve ser constituída, pelo menos, por 5-6 palavras. Uma frase-chave mais longa é normalmente mais segura porque é mais difícil utilizar ataques de força bruta contra ela. Isto também significa que a segurança é melhorada se forem utilizadas palavras longas na frase-chave. Na melhor das hipóteses, a frase-passe deve ser composta por 7-9 palavras (Nielsen & Vedel, 2009).

II. Podem ser incluídos diferentes tipos de substituição de caracteres na frase-chave para aumentar a segurança. O "T" pode, por exemplo, ser substituído por "!" e o "S" por "$". Podem também ser incluídos erros ortográficos para

A inclusão de letras maiúsculas e minúsculas também contribui para a segurança (Nielsen & Vedel, 2009). A inclusão de letras minúsculas e maiúsculas também contribui para a segurança (Nielsen & Vedel, 2009)

III. A frase secreta não tem de representar uma frase real numa língua natural. De facto, o nível de segurança da frase secreta será melhor se a frase for um disparate ou palavras aleatórias. Uma frase secreta criada a partir de palavras aleatórias pode ser ainda mais forte utilizando substituições de caracteres, tal como descrito no segundo ponto.

2.4.1.2 Método Diceware modificado

Foram introduzidas algumas modificações no método tradicional do "diceware" para colmatar as suas lacunas (Camut & Hora ,2011). Estas alterações incluem:

Dicionário mais pequeno: é utilizada uma lista de palavras com 64=1.296 palavras, o que resulta em log2 64 ~ 10,34 bits de entropia por palavra. O menor número de palavras torna muito mais fácil para os criadores de dicionários selecionar palavras mais comuns e familiares, não só em inglês mas também em qualquer outra língua.

Palavras de comprimento fixo: devido ao facto de o dicionário ser mais pequeno, as palavras só podem ter quatro caracteres. Isto faz com que as frases-passe completas tenham sempre 24 caracteres, para uma entropia fixa de 62,04 bits - um pouco mais do que a melhor entropia de 61,94 do método tradicional.

Outras vantagens são que ajuda a memorização: quando o utilizador tem dúvidas sobre a grafia de uma determinada palavra ou se está no singular ou no plural, escolhe a versão com quatro caracteres. Em segundo lugar, como as palavras são puramente alfabéticas, há mais proficiência na digitação e isso ajuda a mitigar o "ataque por cima do ombro", uma vez que os utilizadores podem digitar as frases-passe rapidamente (Camut & Hora ,2011).

2.4.2 Tentativas de decifrar senhas.

Um estudo realizado por Sparell e Simovits (2015) centrou-se na decifração de frases-chave linguisticamente correctas, para determinar até que ponto era aconselhável basear uma política de palavras-passe nessas frases para proteção de dados. As frases-passe foram geradas para processamento posterior pelas ferramentas de cracking disponíveis e a linguagem das frases foi modelada utilizando um processo de Markov. Neste processo, as frases foram construídas utilizando o número de instâncias observadas de caracteres subsequentes num texto de origem, conhecido como n-gramas, para determinar o carácter possível nas frases. O estudo mostrou que as frases-chave correctas podem ser quebradas de uma forma prática em comparação com uma pesquisa exaustiva. Nos testes, foram quebradas frases-senha com até 20 caracteres (Sparell & Simovits, 2015). Para obter

uma baixa entropia, ou elevada correção linguística, na modelização de uma língua, deve basear-se num bom modelo linguístico, e o modelo de Markov foi proposto por Shannon no seu trabalho anterior

No artigo da conferência "Effect of Grammar on Security of Long Passwords" (Efeito da gramática na segurança de palavras-passe longas), Rao, Jha e Kini (2013) tentaram utilizar a gramática para decifrar palavras-passe. Os resultados mostraram um ligeiro aumento no número de palavras-passe decifradas utilizando regras gramaticais em comparação com outros métodos. Também se discute o comportamento do utilizador relativamente à seleção do número de palavras numa frase-chave e as deficiências das aplicações de cracking disponíveis relativamente a frases-chave. Bonneau e Shutova (2012) realizaram um estudo sobre os padrões de escolha de frases-chave pelos utilizadores com base no serviço Pay Phrase da Amazónia, agora descontinuado. As conclusões foram que uma frase-passe com 4 palavras tem provavelmente menos de 30 bits de segurança porque os utilizadores tendem a escolher frases linguisticamente correctas.

2.5 Sistemas de autenticação baseados em frases-chave existentes

As frases-chave foram adoptadas em alguns sítios Web a nível mundial. Por exemplo, a Buckinghamshire New University adoptou a utilização de frases-chave e desenvolveu uma política de autenticação de utilizadores e de frases-chave. Todos os utilizadores de serviços da Bucks New University, incluindo contratantes e fornecedores com acesso a sistemas, são responsáveis por tomar as medidas adequadas, tal como descrito abaixo, para selecionar e proteger as suas frases-chave. Uma frase-chave mal escolhida pode comprometer toda a rede da universidade. As palavras-passe devem ser alteradas regularmente; as palavras-passe dos administradores e dos estudantes devem ser alteradas de 90 em 90 dias e as dos funcionários de 120 em 120 dias. Todas as palavras-passe ao nível do utilizador e do sistema devem estar em conformidade com as directrizes definidas pela universidade (Buckinghamshire New University, 2015). Em África, tem havido utilização de frases-chave em países como a África do Sul. A Vodacom, um operador móvel na África do Sul, introduziu uma palavra-passe de voz para os clientes que utilizam a aplicação My Vodacom. Em vez de uma série de perguntas de segurança e pins longos, a aplicação permite a biometria por voz, de modo a que os clientes possam dizer uma frase-passe simples para verificar a sua identidade (Craig & Crouse, 2006).

2.4.3 Porque é que as frases-chave são mais amigáveis do que as palavras-passe.

As palavras-passe e as frases-chave são aspectos importantes da segurança informática e constituem também a primeira linha de proteção das contas dos utilizadores na maioria dos sítios Web. Uma palavra-passe ou frase-senha mal escolhida pode comprometer os dados dos sistemas e também toda a rede de uma constituição (Sinan & Ayse, 2011).

Na maioria dos sítios Web, os utilizadores têm de se registar e criar contas para fazer mais do que navegar. Durante a sua vida, criarão muitas palavras-passe que serão difíceis de memorizar, tendo em conta as muitas palavras-passe que terão de memorizar de diferentes sítios Web. Isto pode ser frustrante, especialmente quando um utilizador não consegue aceder a uma conta depois de tentar mais palavras-passe do que o limite. Há quem opte por utilizar a mesma palavra-passe para todas as contas. No entanto, isso torna-as vulneráveis a ataques. Outra opção seria utilizar uma palavra-passe fácil de memorizar, mas este é um alvo fácil para ataques de força bruta. Outros podem até escrever a palavra-passe num pedaço de papel, mas assim que alguém com intenções maliciosas a obtenha, as suas contas ficam comprometidas. As palavras-passe criadas pelos utilizadores com a usabilidade em mente acabam por comprometer a segurança. Outro problema é que os utilizadores são propensos a cometer erros quando seguram a tecla shift para escrever símbolos ou mesmo letras maiúsculas; uma palavra-passe que é segura mas não é utilizável não seria considerada ideal (Sinan & Ayse, 2011).

Uma solução criada para isso é a utilização de gestores de palavras-passe. Trata-se de aplicações que armazenam todas as palavras-passe numa base de dados. Tudo o que um utilizador tem de memorizar é a palavra-passe principal em vez de todas as palavras-passe de cada uma das suas contas. A desvantagem destes gestores é o facto de não terem um processo de reposição ou recuperação. Além disso, custam dinheiro. Um estudo de investigação realizado na Universidade de Carleton concluiu que muitos utilizadores não se sentem à vontade e não estão familiarizados com a utilização do software e também não confiam nele (Chiasson & Van Oorschot, 2005).

É necessário equilibrar a segurança e a usabilidade; os sítios Web devem passar de palavras-passe para frases-passe. As palavras-passe são mais seguras porque têm um requisito mínimo de 16 caracteres, enquanto a maioria das palavras-passe tem um mínimo de 8. Quanto maior for o comprimento, mais tempo demora a ser decifrado, o que lhe confere maior segurança. Uma palavra-passe complexa não tem números, caracteres especiais e letras maiúsculas; tudo isto a tornaria mais forte. No entanto, em comparação com uma frase-passe fraca, é impossível utilizar a força bruta. As palavras-passe permitem caracteres especiais, como o espaço, que não existe nas palavras-passe. É muito difícil utilizar a força bruta ou mesmo um ataque de dicionário quando as palavras-passe têm o carácter de espaço. O requisito de comprimento de caracteres mais longo de uma frase-senha impede os utilizadores de utilizarem as suas informações pessoais. Uma vez que uma única cadeia de palavras não é suficiente para satisfazer o requisito, os utilizadores acrescentam mais cadeias de palavras à sua frase-senha, tornando-a mais difícil de adivinhar (Saranga & Kelley, 2011).

As palavras-passe são significativas e são frases com as quais os utilizadores se podem identificar. Na maioria das vezes, os utilizadores criam palavras-passe e colocam os caracteres especiais para cumprir a política do formulário de registo. É provável que a palavra-passe seja aleatória, o que a torna também difícil de memorizar. As políticas de frase-chave são menos rigorosas nos formulários de registo do que as políticas de palavra-passe. O único requisito necessário para uma frase-chave é ter 16 caracteres ou mais. Os investigadores descobriram que "um mínimo de 16 caracteres sem requisitos adicionais fornece a maior entropia, ao mesmo tempo que se revela mais utilizável em muitas medidas do que a alternativa mais forte". Isto ajuda os utilizadores a criar contas mais facilmente, mantendo a segurança (Saranga & Kelley, 2011: pg 9) Os utilizadores ficam normalmente presos nas páginas de registo quando não conseguem criar uma palavra-passe que cumpra a política do sítio Web. Isto acontece especialmente quando as políticas têm demasiados requisitos, criando frustração nos utilizadores e estes podem abandonar o registo.

2.6 Resumo do capítulo
A revisão da literatura incluiu estudos relacionados com as principais tendências do comércio eletrónico, os desafios da autenticação baseada em palavras-passe, as técnicas utilizadas para criar frases-passe, a análise de palavras-passe e frases-passe.

A análise da literatura abrangeu estudos sobre as tendências do comércio eletrónico a nível mundial e na África Subsariana. As tendências supramencionadas deverão aumentar o crescimento e a fidelidade dos clientes e aumentar os lucros. Isto deve-se ao aumento do sentimento de segurança dos clientes quando fazem compras. Estes temas foram discutidos por: UNCTAD (2015); Criteo (2015); Bethlahmy e Schottmiller (2011); Singh (2014); e Quinn et al. (2014).

Foram também abordados estudos sobre o comércio eletrónico no Quénia. Verificou-se que o comércio eletrónico enfrentou desafios devido aos vários constrangimentos que surgiram e, por conseguinte, foi pouco utilizado. Verificou-se também um maior ceticismo por parte dos clientes, que se mostraram relutantes em aderir ao comércio eletrónico. Outro ponto de discussão importante é o facto de o comércio eletrónico depender apenas da conetividade à Internet e, embora possa ser viável atualmente, há ainda várias políticas de infra-estruturas que têm de ser postas em prática para que seja um êxito num contexto de terceiro mundo. Estas foram discutidas por: Kaburia (2004); Gikandi e Bloor (2010); Kinyajui e McCormick (2002) e Kanyaru e Kyalo (2015).

Foi também discutido o papel das frases-chave no comércio eletrónico. A importância da frase-chave reside no facto de a sua longevidade a tornar ainda mais segura e de, normalmente, ter de ser algo muito memorável para o utilizador; pode ser uma mistura de certas datas importantes e de um aniversário. Isto elimina qualquer forma de engenharia social que possa surgir para obter acesso não autorizado, garantindo assim a segurança. As preocupações temáticas foram discutidas por: Anderson e Saeden (2013); Kini, Jha e Rao (2013). Dos estudos acima referidos, é evidente que existem várias preocupações relacionadas com a penetração, a força e a sustentabilidade e a segurança do comércio eletrónico no Quénia. Foram efectuados estudos sobre os prós e os contras das frases-senha em termos de segurança. No entanto, estes estudos não foram transpostos para o sector do comércio eletrónico. Por conseguinte, este estudo procurará descobrir a lacuna de segurança no comércio eletrónico e, eventualmente, colmatá-la.

O próximo capítulo mencionará a metodologia de investigação utilizada para este estudo. A conceção da investigação, a população e a amostragem, os métodos de recolha de dados, os métodos de análise de dados e, por último, as considerações éticas na investigação.

CAPÍTULO 3

3.0 METODOLOGIA DE INVESTIGAÇÃO

3.1 Introdução

A metodologia de investigação refere-se à forma sistemática de descobrir o resultado de um determinado problema sobre um assunto específico, que também é designado por problema de investigação (Kothari, 2004). Na metodologia, o investigador utiliza diferentes critérios para resolver um determinado problema de investigação. Neste capítulo, são abordados a conceção da investigação, os métodos de recolha de dados, a análise dos dados e a consideração ética da investigação.

3.2 Conceção da investigação

A ciência do design foi utilizada neste estudo; oferece directrizes específicas para avaliação e iteração em projectos de investigação. A ciência do design é um paradigma de investigação de sistemas de informação que constitui uma componente importante da investigação. Esta forma de investigação difundiu-se na corrente principal da investigação em sistemas de informação nos últimos quinze anos e grande parte dela foi publicada em revistas de engenharia (Peffers, Tuunathen & Rothenberger, 2007; Ping & Scialdone, 2011).

A razão pela qual esta abordagem de conceção é adequada para este estudo prende-se com o facto de as disciplinas de engenharia aceitarem a conceção como uma metodologia de investigação válida e valiosa (Peffers, Tuunanen, & Rothenberger, 2007). A cultura de investigação em engenharia valoriza explicitamente as soluções incrementalmente eficazes e aplicáveis aos problemas. Considerando o carácter explicitamente aplicado da prática dos Sistemas de Informação e o carácter implicitamente aplicado da investigação em Sistemas de Informação, a sua metodologia deve ser abordada da mesma forma (Peffers, Tuunanen, & Rothenberger, 2007). Também apoia um paradigma de investigação pragmático que apela à criação de artefactos inovadores para resolver problemas do mundo real. Este tipo de investigação centra-se no artefacto informático com uma elevada prioridade na relevância do domínio da aplicação.

O capítulo inclui os sete passos da ciência do design: o design como artefacto, a relevância do problema, a avaliação do design, os contributos da investigação, o rigor da investigação, o design como processo de pesquisa e a comunicação da investigação. O estudo teve em consideração todos os sete passos da ciência do design e mostrará como foram utilizados (Ping & Scialdone, 2011; Hevner, 2007).

Tabela 3.1: Etapas da conceção da investigação e aplicação ao estudo.

Research Design Principles	How applied in the study
1. Design as an artifact: An IT artifact is an entity or an object engineered to benefit particular people with certain purposes and goals in particular contexts. Design science research must produce a viable artifact in either the form of a model or a method. Capabilities of IT artifacts are created, developed, applied, implemented, integrated, and administered to support certain human endeavors. IT artifacts also have different forms and can be configured in many ways to compose develop hardware, software, applications, and innovations.	In this study, a prototype was developed and tested by five IT security experts for credibility. The researcher also looked at existing framework before coming up with one for this particular study.
2. Problem Relevance: Design science also focuses at developing technology based solutions and relevant business challenges as one of its objectives. Once the problem is defined, the researcher is able to develop an effective artefactual solution. . A solution to the problem is to be found in the course of the research. The problem should be in the domain of information systems research.	In Chapter one, the problem at hand is clearly stated; most people are paranoid when it comes to online shopping. There are also issues of cybercrime during online transactions such as masquerading, password sniffing and other forms of hacking.
3. Design Evaluation: The design artifact must be rigorously demonstrated through properly executed evaluation methods. The output from the design science research must be returned into the environment for study and evaluation in the application domain. The field study of the artifact can be executed by means of appropriate technology transfer methods such as action research.	In this study, the prototype was evaluated by a team of IT security experts during a focused group discussion. This was done for purposes for credibility and the feedback was used to enhance the security features put in place to secure online transactions.
4. Research Contributions: There must be clear and verifiable contributions in the areas of design methodologies and artifacts. Literature research is used to identify a problem or a gap in research. Some of these gaps could be mentioned in some academic publications as well as corporate reports. Literature review helps to analyze possible obstacles and difficulties for its solution.	In this study, chapter two covers research done by authors about ecommerce security. It mentions global ecommerce trends, ecommerce in Sub-Saharan Africa and also ecommerce in Kenya. There is also a mention of current technologies used to secure ecommerce transactions and their disadvantages.

5. Research vigor: There was application of rigorous methods in the construction and evaluation of the design artifact. The rigor cycle provides past knowledge to the research project to ensure that there is no re-invention of the wheel in research. It is important that researchers thoroughly research and reference the knowledge base in order to guarantee that the designs produced are research contributions and not routine designs based upon the application of well-known processes. Additions to the knowledge base as results of design science research will include any extensions to the original theories and methods made during the research, the new design products and processes, and all experiences gained from performing the research and field testing the artifact in the application environment.	In this study, the gap was realized after looking at all the solutions that other researchers had come up with, all the technologies that were being used to secure ecommerce transactions. A detailed systematic literature review was done and the proposed system tested by Security Experts for credibility.
6.Design as a Research Process: The search for an effective solution also requires that available resources are utilized while satisfying laws in the problem solution	A systematic approach was employed in the development of the proposed system.
7. Communication: Communication must be presented effectively to both technology-oriented and management-oriented audiences.	The study involved security experts who critiqued the proposed system and gave feedback after the researcher introduced it to them.

3.3 População e conceção da amostragem

Uma população é um conjunto completo de indivíduos, casos ou objectos com algumas características comuns observáveis (Mugenda & Mugenda, 2003). De acordo com Denomie, (2007), um quadro populacional é "uma lista objetiva da população a partir da qual o investigador pode fazer a sua seleção. No entanto, neste estudo, a população é constituída por 7 peritos em segurança informática que serão envolvidos numa discussão de grupo focalizado. A ETA (2008) define os grupos de discussão como uma entrevista de grupo de aproximadamente seis a doze pessoas que partilham características semelhantes ou interesses comuns. Um facilitador orienta o grupo com base num conjunto pré-determinado de tópicos. O facilitador cria um ambiente que incentiva os participantes a partilharem as suas percepções e pontos de vista. Trata-se de uma forma de recolha de dados qualitativos, o que significa que os dados são descritivos e não podem ser medidos numericamente. A amostragem por conveniência foi utilizada devido a restrições de tempo e de custos. Em vez de recolher amostras aleatórias, os 7 peritos em segurança informática da Jhpiego Corporation, de uma população total de 20 pessoas, foram escolhidos para as discussões dos grupos de reflexão, uma vez que estavam prontamente disponíveis. A amostragem por conveniência também ajuda a recolher dados e informações úteis que não teriam sido possíveis utilizando técnicas de amostragem probabilística que exigiriam um acesso mais formal às pessoas. A discussão do grupo de discussão também visava estabelecer desafios nas técnicas de autenticação baseadas em palavras-passe e verificar se as frases-passe seriam uma melhor alternativa para transacções de comércio eletrónico seguras.

3.4 Métodos de recolha de dados

O principal método utilizado para recolher os dados necessários foi através de discussões em grupos de discussão. Foram feitas perguntas aos participantes durante as discussões dos grupos de discussão e estes deram feedback que seria útil para melhorar o protótipo desenvolvido. O estudo teve em consideração os sete passos da ciência do design e a forma como foram aplicados no estudo. Freitas (2000) afirma que o Focus Group permite uma flexibilidade na recolha de dados que normalmente não é conseguida quando se aplica um instrumento de recolha de dados individualmente. Existe também espontaneidade de interação entre os participantes. Também analisou as vantagens e desvantagens das discussões dos Grupos de Centragem, como mostra a Tabela 3.2.

3.5 Procedimentos de investigação

Foi utilizada uma abordagem sistemática para realizar este estudo. O investigador desenvolveu três objectivos de investigação para o estudo:

1. Identificar os desafios enfrentados quando se utilizam mecanismos de autenticação baseados em palavras-passe.
2. Determinar como as frases-chave podem ser utilizadas para resolver desafios de autenticação baseados em palavras-passe através da implementação de políticas de frases-chave.
3. Implementar um sistema de passphrase que será integrado nos sítios Web de comércio eletrónico.

Foi efectuada uma revisão da literatura sobre os três objectivos da investigação e o investigador comparou o que diferentes autores e académicos tinham escrito sobre a utilização de frases-chave. Pouca investigação tinha sido feita sobre a utilização de frases-chave em sítios Web de comércio eletrónico. O investigador adoptou a ciência do design no estudo; as disciplinas de engenharia aceitam o design como uma metodologia de investigação válida e valiosa. Os sete passos da ciência do design foram tidos em consideração e o investigador analisou a forma como cada passo era aplicável ao estudo. A população do estudo era constituída por 7 dos 20 peritos em segurança informática da Jhpiego Corporation. Tratava-se de pessoas com experiência e conhecimentos especializados e cujos contributos contribuiriam para melhorar o sistema proposto. A amostragem por conveniência foi efectuada devido a restrições de tempo e de custos. O principal método de recolha de dados foi a discussão em grupo; os participantes tiveram acesso ao protótipo desenvolvido pelo investigador e, em seguida, deram feedback sobre a credibilidade do sistema. Os participantes assinaram formulários de consentimento antes de participarem; os formulários de consentimento articulavam os objectivos do estudo e também os informavam de que tudo o que dissessem nesse fórum seria confidencial. A discussão do grupo de discussão visava também estabelecer os desafios das técnicas de autenticação baseadas em palavras-passe e verificar se as frases-passe seriam uma melhor alternativa para transacções de comércio eletrónico seguras. Os dados foram analisados utilizando a análise temática; os dados dos grupos de discussão envolveram a leitura das transcrições, a codificação dos temas distintivos e o desenvolvimento dos códigos para apresentar os temas identificados. Foi seguido um procedimento sistemático durante a análise dos dados para garantir que os resultados fossem tão isentos de erros quanto possível.

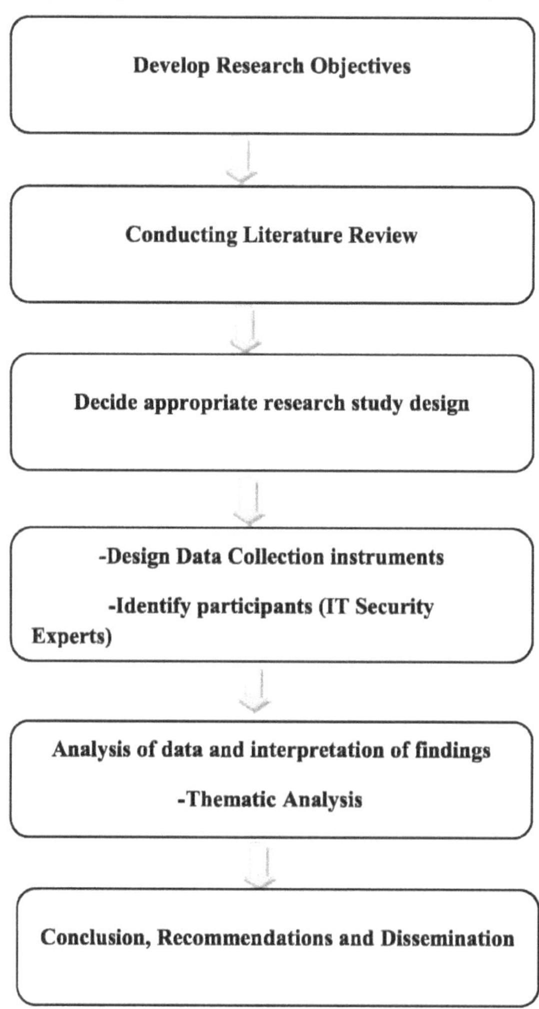

Figura 3.1: Fluxograma do processo de investigação

Advantages	Disadvantages
• It is comparatively easier to drive or conduct • It allows to explore topics and to generate hypotheses • It generates opportunity to collect data from the group interaction, which concentrates on the topic of the researcher's interest • It has high "face validity" (data) • It has low cost in relation to other methods • It gives speed in the supply of the results (in terms of evidence of the meeting of the group) • It allows the researcher to increase the size of the sample of the qualitative studies	• It is not based on a natural atmosphere • The researcher has less control over the data that are generated • It is not possible to know if the interaction in group he/she contemplates or not the individual behavior • The data analysis are more difficult to be done. The interaction of the group forms a social atmosphere and the comments should be interpreted inside of this context • It demands interviewers carefully trained • It takes effort to assemble the groups • The discussion should be conducted in an atmosphere that facilitates the dialogue

Quadro 3.2: Vantagens e desvantagens do grupo de discussão

Fonte: Adaptado de Krueger (1994) e Morgan (1988).

Apesar das desvantagens acima referidas, este método facilita a recolha de dados interessantes. Estes dados contribuem para uma maior convicção por parte do investigador ou do analista, uma vez que constituem uma boa fonte de informação para a formulação de hipóteses ou para a construção de quadros de referência. Estes, por sua vez, permitem uma investigação mais aprofundada (Freitas & M, 2000).

3.5 Métodos de análise de dados.

Os dados foram analisados através da Análise Temática. Um tema é um padrão encontrado na informação que descreve e organiza as observações e, no máximo, interpreta aspectos do fenómeno (Boyatzis, 1998). Pode ser identificado ao nível manifesto ou ao nível latente. Este último requer um maior envolvimento e interpretação por parte do investigador. Este tipo de análise centra-se na descrição de ideias implícitas e explícitas nos dados, ou seja, temas. A análise temática dos dados do grupo de discussão envolveu a leitura e releitura das transcrições, a codificação dos temas distintivos da discussão e a identificação de temas distintos. Os códigos foram então desenvolvidos para representar os temas identificados e aplicados aos dados em bruto como marcadores de resumo para análise posterior. Neste tipo de análise, a fiabilidade é uma preocupação maior porque a interpretação vai para a definição dos itens de dados (Ryan, 2010).

Foi seguido um procedimento sistemático na análise dos dados qualitativos recolhidos durante o grupo de discussão. Isto assegurou que os resultados fossem tão isentos de erros quanto possível. O primeiro passo para dar sentido aos dados do grupo de discussão foi transcrever a entrevista para preservar a integridade dos dados. Durante a análise, o investigador teve o cuidado de não limpar os dados se isso significasse distorcer o que os participantes disseram.

Os dados analisados procuraram responder especificamente às seguintes questões:

1. Quais são os desafios que se colocam quando se utilizam mecanismos de autenticação baseados em palavras-passe?
2. Como é que as frases-chave podem ser utilizadas para resolver os desafios das técnicas de autenticação baseadas em palavras-passe?
3. A integração de frases-chave no comércio eletrónico terá vantagens?

3.6 Considerações éticas na investigação
Houve uma série de questões éticas que foram abordadas no decurso do estudo. A mais importante foi a natureza voluntária dos grupos de discussão. Os participantes não foram obrigados a participar no grupo de discussão e não foram forçados a permanecer no caso de quererem sair. O consentimento foi obtido de cada participante mesmo antes do início do grupo de discussão. Foi também fornecida aos participantes uma declaração clara do objetivo, para que pudessem tomar uma decisão informada. A informação fornecida na discussão do grupo de discussão não foi utilizada para outros fins que não o consentimento dado. O respeito e o anonimato também foram tidos em conta, de modo a que não fosse revelada qualquer informação que identificasse os participantes e que os comentários feitos não fossem comunicados sob qualquer forma.

3.7 Resumo do capítulo
Este capítulo aborda a metodologia de investigação que foi utilizada no estudo. O capítulo inclui as sete etapas da conceção da investigação, a amostragem dos participantes no estudo e também considerações éticas na investigação. O capítulo seguinte descreve a implementação do sistema, a análise do sistema, a modelação e a conceção

CAPÍTULO 4

4.0 IMPLEMENTAÇÃO

4.1 Introdução

Neste capítulo, são abordadas a análise, a modelação e a conceção do sistema. Também foram efectuados testes do sistema para verificar o comportamento de um produto de software completo e totalmente integrado com base no documento de especificação dos requisitos de software (SRS). Por último, o capítulo descreve a forma como o sistema foi implementado e o que foi feito para garantir que o sistema era credível e seria aceite quando fosse lançado para ser adotado e integrado nos sítios Web das empresas de comércio eletrónico

4.2 Análise

A recolha de requisitos é uma parte essencial de um projeto. É importante compreender os resultados do projeto, uma vez que estes são fundamentais para o seu sucesso. De acordo com Gale (2013), os gestores de projectos analisam os pedidos das partes interessadas, examinam o calendário e o orçamento e, em seguida, identificam quaisquer incompatibilidades que possam existir entre as expectativas e a realidade. Este tipo de mergulho profundo ajuda a evitar surpresas indesejáveis mais tarde. No entanto, muitas vezes as equipas de projeto não levam a análise suficientemente longe, formulam uma ideia geral do que os intervenientes pretendem, mas não quantificam esses resultados. Neste estudo, foi efectuada uma análise sistemática da literatura para determinar as necessidades e os requisitos do sistema.

4.3 Modelação e conceção

O investigador adoptou o modelo de protótipo para este sistema específico. Um protótipo é um modelo ou um programa que não se baseia num planeamento rigoroso, mas é uma primeira aproximação do produto final ou do sistema de software. Um protótipo funciona como uma amostra para testar o processo. A partir desta amostra, aprendemos e tentamos construir um produto final melhor. (Coughlan et al.) <u>Durante a criação do modelo, o utilizador vai dando </u>feedbacks de tempos a tempos e, com base neles, é criado um protótipo. O modelo de amostra completamente construído é mostrado ao utilizador e, com base nos seus comentários, é preparado o documento de especificações dos requisitos do sistema (SRS). Depois de concluído este processo, é preparada uma SRS mais exacta e o trabalho de desenvolvimento pode agora começar utilizando o modelo em cascata.

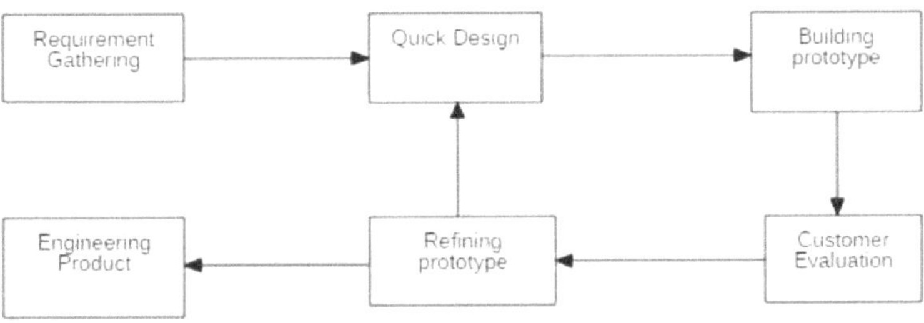

Figura 4.1: Modelo de protótipo

Algumas das vantagens deste modelo são o facto de os utilizadores participarem ativamente no desenvolvimento e compreenderem melhor o sistema que está a ser desenvolvido. Os erros também podem ser detectados muito mais cedo, as funcionalidades em falta são facilmente identificadas e o feedback dos utilizadores é rápido, conduzindo a melhores soluções.

De acordo com Coughlan, Fulton & Canales (2007), a prototipagem desempenha muitos papéis importantes no desenvolvimento de um novo produto, serviço, ambiente ou experiência. Referem também que, no domínio da mudança organizacional, a prototipagem ajuda a atingir três objectivos principais:

1. Construir para pensar - em vez de discutir, analisar ou formular hipóteses em termos abstractos antes de agir, a criação de expressões tangíveis de ideias desde o início permite que o pensamento organizacional se desenvolva concretamente através da ação.

2. Aprender mais depressa falhando cedo (e muitas vezes) - tornar as coisas tangíveis permite que muitas falhas pequenas e de baixo impacto ocorram cedo, resultando numa aprendizagem mais rápida sobre o que funciona e o que não funciona e porquê.

3. Dar permissão para explorar novos comportamentos - a presença tangível de uma coisa nova, o protótipo, por si só incentiva novos comportamentos, aliviando os indivíduos da responsabilidade de mudar conscientemente o que fazem.

A conceção é a criação estruturada de artefactos (como componentes de software) para implementar uma funcionalidade específica. Refere-se às especificações técnicas que serão aplicadas na implementação da

sistema proposto. Especifica também a forma como um sistema realizará a funcionalidade desejada. Os requisitos para a conceção do sistema incluem pensar na forma correcta de decompor a funcionalidade e como criar um pequeno conjunto de abstracções que possam ser reutilizadas e recombinadas para fornecer a funcionalidade necessária.

Esta fase é a fase mais criativa e desafiante do ciclo de vida do sistema. O termo conceção descreve um sistema final e o processo pelo qual é desenvolvido. Inclui também a construção de programas e o teste de programas.

O primeiro passo é determinar como a saída deve ser produzida e em que formato específico. São também apresentadas amostras do output e do input. Em segundo lugar, os dados de entrada e a base de dados têm de ser concebidos para satisfazer os requisitos do sistema proposto. As fases operacionais são tratadas através da construção e teste de programas, incluindo uma lista dos programas necessários para atingir os objectivos do sistema e documentação completa. Por último, a justificação do sistema e uma estimativa do impacto do sistema proposto no utilizador são documentadas e avaliadas por uma equipa de peritos como um passo para a implementação (Jawahar, 2012).

O relatório final antes da fase de implementação inclui diagramas de fluxo de dados, esquemas de relatórios e um plano exequível para a implementação do sistema proposto. Devem também estar disponíveis informações sobre o pessoal, os fundos necessários, o hardware, as instalações e o seu custo estimado. Nesta fase, os custos projectados devem estar próximos dos custos reais de implementação (Jawahar, 2012).

Diagrama de fluxograma para o sistema proposto

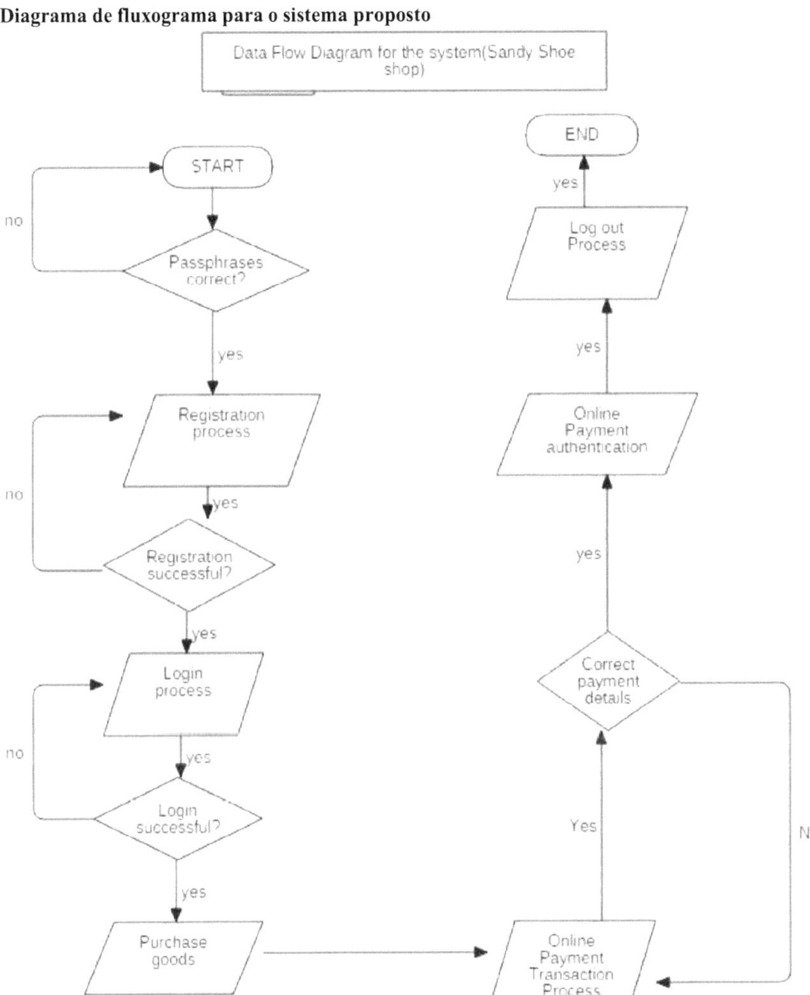

Figura 4.2: Diagrama de fluxograma do sistema proposto

DIAGRAMA ERD

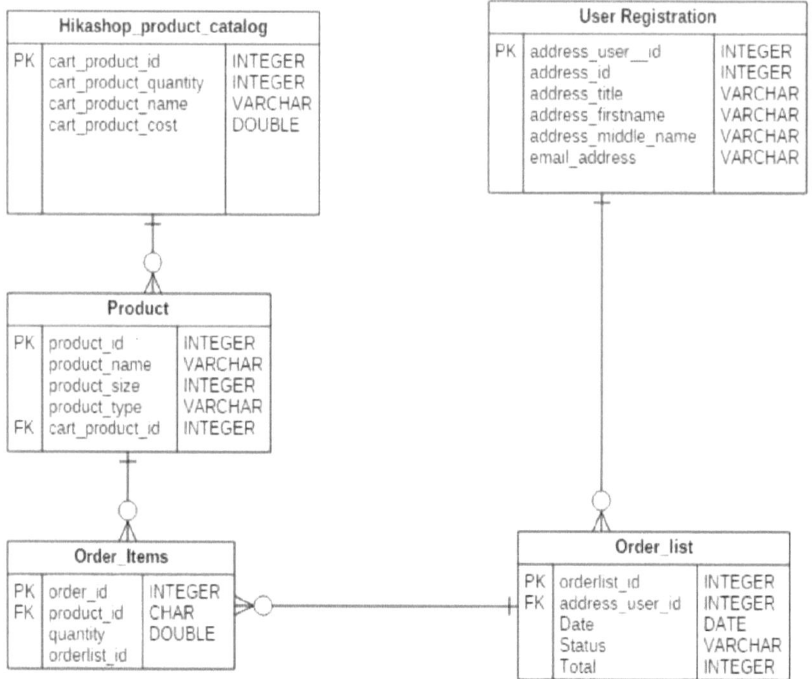

Figura 4.3: Diagrama ERD para o sistema proposto
Fonte: Investigador

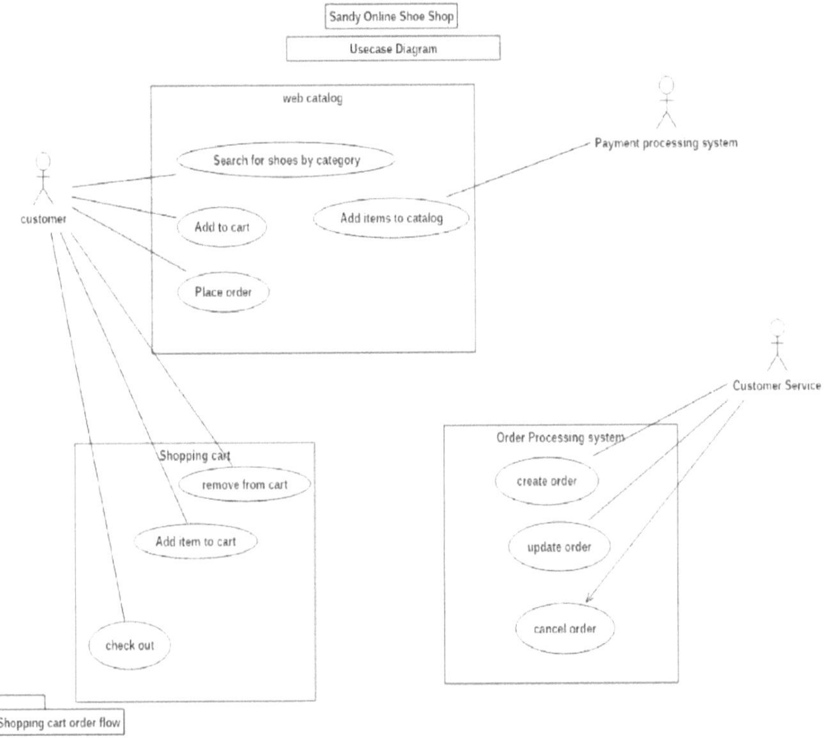

Figura 4.4: Diagrama de casos de uso para o sistema proposto
Fonte: Investigador

4.4 Prova de conceito

O comércio eletrónico em África está a enraizar-se lentamente nas cidades em desenvolvimento e Nairobi não é uma exceção. No entanto, há muita atenção e entusiasmo em torno do conceito de comércio eletrónico. Isto deixou as preocupações com a segurança do comércio eletrónico ainda sem resposta, sem esquecer o facto de ainda haver muito ceticismo em relação à ideia por parte dos utilizadores de primeira viagem. Isto cria uma lacuna na resolução da situação, tendo em conta que os estudos sobre a segurança do comércio eletrónico na região são escassos.

O investigador desenvolveu um protótipo que seria integrado em sítios Web de comércio eletrónico. Esta etapa do desenvolvimento de software é a fase de verificação da conceção do desenvolvimento do produto. Foi utilizada uma abordagem sistemática para desenvolver o protótipo. O investigador concebeu o protótipo em papel como parte do planeamento e da passagem das ideias da cabeça para o papel antes de iniciar a implementação efectiva. Os requisitos para o projeto foram então identificados e os objectivos do projeto definidos. O investigador também elaborou fluxogramas e diagramas de fluxo de dados para desenvolver uma boa compreensão do fluxo da aplicação, dividindo-a em partes. Algumas das vantagens da prototipagem são o facto de poupar dinheiro, diminuir o tempo de desenvolvimento e, em última análise, resultar num produto melhor.

Para provar o valor da conceção a investidores cépticos, é importante desenvolver uma conceção funcional que exista no mundo real e interaja com ele. Por conseguinte, o investigador integrou a utilização de frases-chave como mecanismo de autenticação em sítios Web de comércio eletrónico. Em todo o mundo, as compras/transacções em linha têm crescido exponencialmente. Os consumidores podem ainda estar preocupados com a segurança das compras em linha, mas cada vez mais estão preparados para comprar em linha. Muitos sítios que oferecem portes de envio gratuitos também aumentaram o interesse pelas compras em linha. A Internet só se vai tornar popular com o passar do tempo e seria ideal que os compradores em linha estivessem confiantes ao efectuarem estas transacções. As frases-chave são uma das soluções para este desafio de segurança em linha e, se forem adoptadas pelos sítios de comércio eletrónico, os riscos de segurança, como a quebra de palavras-chave, serão atenuados.

Houve várias questões que surgiram durante a implementação deste projeto. O investigador conseguiu compreender melhor o que eram as frases-chave e onde tinham sido implementadas com êxito, consultando várias fontes de literatura. A criação sistemática de protótipos funcionou bem e reduziu o risco de fracasso do projeto. A investigadora conseguiu compreender melhor as capacidades e limitações do sistema. Além disso, fez recomendações que outros peritos aceitariam e acrescentariam ao acervo de conhecimentos. Para ter credibilidade, o investigador apresentou o protótipo desenvolvido a uma equipa de 7 peritos em TI que deram o seu feedback. Este facto foi útil e ajudou o investigador a tirar conclusões sobre a facilidade de utilização e a funcionalidade do protótipo. A investigadora teve em conta as reacções dos peritos, como a melhoria da interface gráfica do utilizador, e assegurou que as frases-chave fossem encriptadas. Algumas das reacções não puderam ser imediatamente aceites, mas foram tidas em consideração. Entre elas, a utilização de diferentes línguas gramaticalmente correctas como frases-chave e a comparação da força de ambas quando sujeitas a um ataque de quebra de palavras-passe. O investigador optou por fazer isso num outro trabalho, numa data posterior.

4.5 Teste do sistema

Os testes de sistema foram efectuados no sistema para avaliar a sua conformidade com os requisitos especificados. Os testes do sistema enquadram-se no âmbito dos testes de caixa negra e, como tal, não devem exigir qualquer conhecimento da conceção interna do código ou da lógica. A fim de verificar as funções correctas do sistema, foram testados os diferentes módulos do sistema.

O objetivo do teste do sistema é encontrar defeitos e corrigi-los antes do arranque. Não existe uma abordagem ou método que garanta um sistema completamente livre de defeitos. No entanto, seguir uma abordagem de teste do sistema ajudará a reduzir os riscos e a garantir um projeto bem sucedido.

4.5.1 Testes gerais

É importante realizar testes gerais do sistema para garantir que o produto final apresentado aos utilizadores está completo com base na especificação dos requisitos do sistema.

Alguns destes testes incluem:

- As mensagens de erro devem ser apresentadas corretamente, de acordo com o erro ocorrido.
- A atualização da página deve definir valores por defeito para todos os campos.
- Os campos de entrada devem ser verificados quanto aos valores de campo obrigatórios.
- Não devem ser aceites valores de entrada superiores ao limite máximo exigido.
- Devem aparecer mensagens de validação correctas.
- A funcionalidade de todos os botões deve ser verificada.

4.5.2 Testes de erros

O sistema foi desenvolvido de tal forma que:

- A descrição do erro é compreensível para os utilizadores.
- O erro assinalado corresponde ao erro encontrado.

  -A descrição do erro facilita ao utilizador a determinação da causa do erro.

Capturas de ecrã dos testes de erro

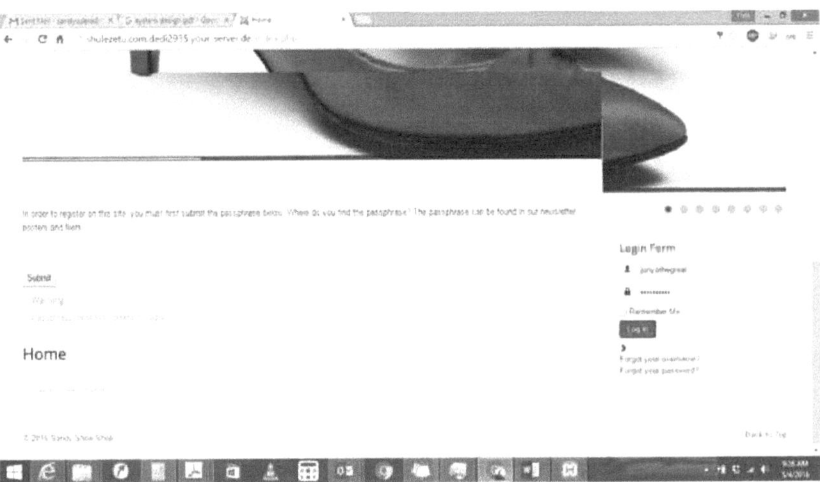

Figura 4.5: Capturas de ecrã dos ensaios de erros

Os utilizadores encontraram este erro ao digitarem a frase-chave errada.

4.5.3 Testes de bases de dados

Alguns dos testes efectuados à base de dados destinavam-se a verificar esse facto:

- Os dados correctos estão a ser guardados na base de dados.

- Os dados são registados corretamente nos campos correctos.

- À medida que os dados vão sendo registados, não são encurtados.

- Os campos da base de dados são concebidos com o tipo de dados e o comprimento correctos.

- Todos os campos estão num formato que pode ser lido pelo sítio Web.

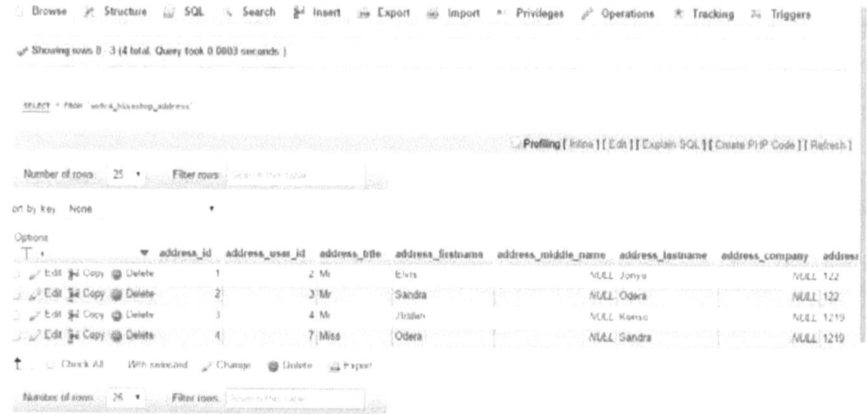

Figura 4.6: Captura de ecrã da base de dados

Esta é uma imagem de ecrã da base de dados. Mostra as pessoas que se registaram no sítio Web.

4.5.4 Testes de segurança

Os testes de segurança revelam falhas nos mecanismos de segurança do sítio Web de comércio eletrónico para garantir a proteção dos dados e também a funcionalidade do sistema. Devido às limitações lógicas dos testes de segurança, a aprovação nos testes de segurança não é uma indicação de que não existem falhas no sistema ou de que o sistema satisfaz todos os requisitos de segurança. Alguns dos testes de segurança efectuados foram os seguintes

- Garantir que os utilizadores autorizados pudessem iniciar sessão. (apenas utilizadores que tenham introduzido uma frase-chave válida)

- As medidas de controlo de acesso estão em vigor de modo a que um utilizador normal não tenha a mesma visão que um superutilizador ou um administrador.

- BlackboxTesting: avaliação do sistema quanto a questões de segurança na perspetiva dos utilizadores finais

- Teste de caixa branca: Trata-se de avaliar uma aplicação através da análise do seu código. Isto permitirá que os peritos em segurança sejam mais eficientes e dêem um melhor feedback; assim, atenuam a desvantagem fundamental de terem um tempo limitado em relação a um atacante real que enfrenta menos restrições de tempo.

- Testes de caixa cinzenta: realizados por alguém com informações privilegiadas pormenorizadas, mas sem acesso ao código-fonte.

Esta secção contém todos os requisitos de software a um nível de detalhe que, quando combinado com o diagrama de contexto do sistema, o diagrama de fluxo de dados (DFD) e as descrições DFD, é suficiente para permitir que qualquer projetista conceba um sistema que satisfaça esses requisitos e que os testadores testem se o sistema satisfaz esses requisitos.

4.6 Implementação do sistema

Este sistema é implementado utilizando um sistema de gestão de conteúdos conhecido como Joomla. Trata-se de uma solução de fonte aberta que pode ser acedida livremente online e é fácil de utilizar. A poderosa estrutura de aplicações do Joomla facilita aos programadores a criação de complementos sofisticados que ampliam o poder do Joomla em direcções praticamente ilimitadas, uma vez que algumas organizações têm requisitos que vão para além do pacote básico do Joomla. Este gestor de conteúdos também se baseia em PHP e MySQL, o que é ideal para sítios Web poderosos, robustos e dinâmicos. É também compatível com qualquer sistema operativo e tem suporte para vários idiomas.

4.6.1 Descrição do sistema atual

O sistema proposto será um módulo integrado num sítio Web de comércio eletrónico. Os utilizadores são convidados a introduzir uma frase-chave quando efectuam o check-out. A frase-chave é selecionada pelo utilizador e segue determinadas directrizes de frase-chave que foram definidas. Depois de os utilizadores terem introduzido as palavras-passe correctas, podem fazer o check-out do artigo que estava no seu carrinho de compras.

Para efeitos de demonstração, o investigador utilizou o exemplo de uma loja de calçado em linha. Para além do novo módulo, as outras funcionalidades são as mesmas de uma loja em linha normal. Os sapatos à venda têm os preços e os tamanhos disponíveis.

Um utilizador pode comprar imediatamente e indicar o seu endereço de envio. Se não estiver pronto para comprar, pode colocar o produto no carrinho de compras e levantá-lo quando estiver pronto. Foi realizado um grupo de discussão com 7 peritos em segurança para dar feedback e também para aumentar a credibilidade do sistema.

Este tipo de fórum constitui uma excelente oportunidade para realizar um debate livre com potenciais utilizadores ou programadores.

Os participantes foram autorizados a interagir com o sistema antes de darem as suas opiniões sobre a usabilidade da interface do protótipo.

Isto torna mais fácil para o programador tirar conclusões sobre a usabilidade e a funcionalidade do protótipo. Este grupo de discussão foi conduzido depois de se ter um protótipo funcional, tendo sido dados questionários aos participantes, nos quais estes davam recomendações e opiniões sobre o protótipo.

4.7 Capturas de ecrã do sistema

Figura 4.7: Captura de ecrã da página inicial

Figure 4.7:   acima mostra uma captura de ecrã da página inicial do sistema de comércio eletrónico.

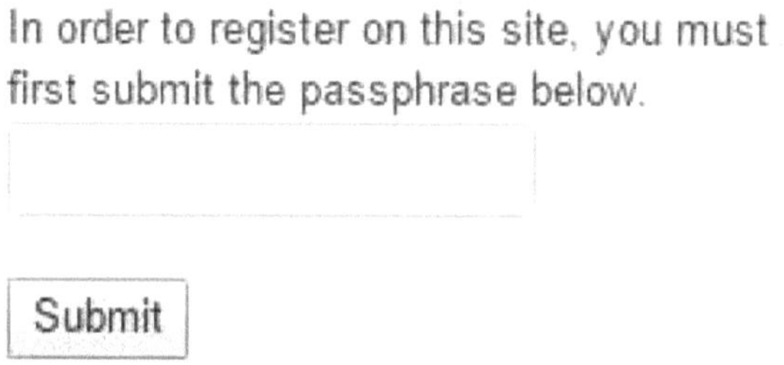

Figura 4.8: Captura de ecrã da frase-chave

A Figura 4.8 mostra a caixa de diálogo que aparece, pedindo ao utilizador que introduza a frase-chave antes de se registar no sítio de comércio eletrónico.

Figure 4.9:   Captura de ecrã da frase-chave

O sistema pede ao utilizador que introduza a frase-chave para se registar ou fazer o checkout.

Figura 4.10: Página de registo

Assim que a frase-chave for corretamente introduzida, o utilizador pode registar-se e fazer o check-out dos artigos no carrinho de compras.

Comprar um sapato

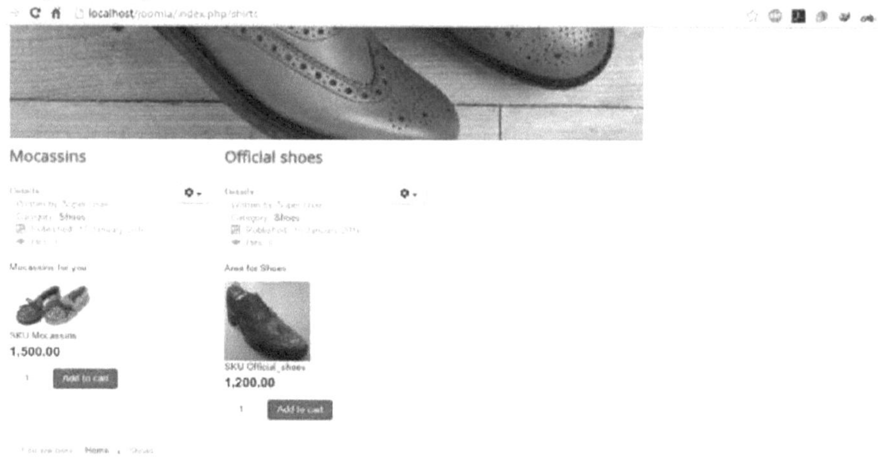

Figura 4.11: Página do catálogo

A figura 4.11 mostra a página do catálogo onde o comprador escolhe o artigo que deseja. É possível escolher o tamanho, a cor e o tipo de calçado. O comprador pode também escolher o número de pares que pretende.

CAPÍTULO 5

RESULTADOS E CONCLUSÕES

5.1 Introdução

Este capítulo apresenta um resumo do processo de investigação, começando com a definição do problema, a finalidade, os objectivos, a revisão da literatura, a metodologia e a interpretação. O foco deste capítulo é a apresentação do feedback dos participantes nos debates dos grupos de discussão. Há também um resumo dos resultados de cada objetivo.

5.2 Perfil dos participantes nos grupos de discussão

O critério de seleção dos participantes no grupo de discussão foi o de terem experiência de pelo menos 2 anos no domínio da segurança da informação. 29% dos participantes tinham uma especialização em engenharia de software, mas com formação em segurança informática, 18% tinham formação em gestão de sistemas de informação e 53% tinham formação em segurança informática. Foi impressionante verificar que todos os participantes tinham efectuado um curso de certificação em segurança informática. 14% tinham feito a certificação Certified Ethical Hacking (CEH), 82% tinham feito a certificação Certified Information Systems Security Professional (CISSP) e os outros 4% tinham feito a certificação Certified Information Security Manager (CISM). Este facto deu ao investigador a confiança de que os participantes tinham os conhecimentos técnicos necessários.

A amostragem por conveniência foi utilizada devido a limitações de tempo e de custos. Em vez de se recolherem amostras aleatórias, os 7 peritos em segurança informática escolhidos para as discussões dos grupos de discussão estavam facilmente disponíveis. Também ajuda a recolher dados e informações úteis que não teriam sido possíveis utilizando técnicas de amostragem probabilística que exigiriam um acesso mais formal às pessoas. Os dados demográficos dos participantes nos grupos de discussão foram analisados e apresentados no quadro seguinte:

Quadro 5.1: Perfil dos participantes nos grupos de discussão

Variable	Percentages
Gender	
Male	57%
Female	43%
Age	
26-30	43%
31-35	28%
36 and above	29%
Education	
Certificate	0
Diploma	0
Bachelor's Degree	43%
Masters Degree	43%
PhD	14%
Speciality in IT	
Software Engineering	29%
Information Security	43%
Telecommunications	0
Management Information Systems	18%
Security Certifications	
Certified Ethical Hacking	14%
CISSP	72%
CISM	14%

5.2 Reflexões dos peritos em segurança.

Os peritos que participaram nos debates dos grupos de discussão puderam analisar e criticar o protótipo. O seu feedback seria utilizado para melhorar a funcionalidade e a segurança do sistema proposto.

Quadro 5.2: Reacções dos peritos

Theme	Illustration of Theme	Feedback Summary	Comment
System Usability	How easy was it to navigate through the system; was it easy to fix errors messages got	The team of experts found it easy to get to most sections of the system. They also mentioned that a normal user would easily understand how the passphrase is used. -The participants also thought that the graphics would be improved.	This bit of the system was found to be satisfactory. -Researcher took note of this and would work on the graphics of the system.
Theme	Illustration of Theme	Feedback Summary	Comment
System design/Appearance	Was the organization of information on the system clear	The system was designed in a simple way and that the user interface was appealing to online buyers. The images on the home page should be resized.	The researcher resized images at the homepage so that one did not have to scroll when viewing the home page.
System Security	Is the system secure enough to avoid any unauthorized person from accessing the registration forms	-They appreciated the concept of passphrases being integrated into the system and that it was not possible to check out without entering the correct passphrase.	-No user could checkout an item without having a correct passphrase.
	without getting the passphrase? -Does it follow the standard passphrase policies?	-They identified a loophole in users creating plain text passphrases.	-The researcher was able to incorporate the changes and encrypt the passphrases.

| General comment s/feedbac k | Any recommendation or weakness | The participants recommended implementation of passphrases as a security measure.

They also pointed out some weakness of the system: There was no algorithm for system generated passphrases.

They also gave recommendations such as; using grammatically correct, different languages as passphrases and compare the strength when both are subjected to cracking tools | The researcher appreciated this feedback but could not add the algorithm for system generated passphrases.

-The researcher took note of this but could not accommodate testing strength of different passphrases of different languages in this study due to time constraints. |

5.2 Desafios dos mecanismos de autenticação baseados em palavras-passe.

Algumas das perguntas dos grupos de discussão relacionadas com o primeiro objetivo da investigação foram as seguintes

1. *Quais são os impactos do comprometimento de uma palavra-passe de sistema numa organização?*
2. *Qual é a principal causa da falta de segurança garantida das palavras-passe?*
3. *O que pode ser feito para atenuar alguns destes desafios?*

No primeiro objetivo, sobre os desafios dos mecanismos de autenticação baseados em palavras-passe, os participantes concordaram que as palavras-passe são o mecanismo de autenticação de segurança mais comum. No entanto, todos concordaram que o comprometimento de uma palavra-passe pode fazer com que uma organização perca milhões de xelins num dia. Foi referido que 43% dos participantes tinham sido vítimas de um ataque over-the shoulder no seu local de trabalho. Isto comprometeu a integridade dos sistemas cuja palavra-passe foi roubada pela parte não autorizada. Outro participante referiu que a falta de políticas de palavras-passe fortes na maioria dos sítios de comércio eletrónico é a principal causa da falta de segurança. O utilizador pode tentar iniciar sessão o maior número de vezes possível sem ficar bloqueado no sistema. Também escolhem palavras-passe fáceis e, na maior parte das vezes, são as coisas com que se podem relacionar, como o nome do animal de estimação, os filhos, o cônjuge, o nome de solteira e muitos outros nomes comuns que qualquer atacante pode facilmente obter, mesmo a partir dos seus perfis de utilizador. Os participantes também consideraram que era importante sensibilizar os utilizadores para a importância da utilização de palavras-passe fortes e que os proprietários de sítios Web deviam investir em sistemas/tecnologias seguros que previnam os utilizadores de ataques. A segurança tem-se centrado muito na composição e no comprimento das palavras-passe, mas estas protegem sobretudo contra ataques offline, que são comparativamente raros. A engenharia social e os ataques internos também devem ser considerados.

5.3 Determinar de que forma a utilização de frases-chave pode ser utilizada para responder aos desafios de autenticação baseados em palavras-passe:

Algumas das perguntas dos grupos de discussão relacionadas com o segundo objetivo da investigação foram as seguintes

1. *O que é que entende pelo termo "frases-chave"?*
2. *Com base na sua experiência, é fácil lembrar-se de uma frase-chave ou de uma palavra-passe?*
3. *Qual a melhor forma de o investigador implementar frases-chave num sítio Web de comércio eletrónico?*

Quanto ao segundo objetivo, os resultados do estudo indicam claramente que as frases-chave são menos vulneráveis a ataques à segurança e são mais fáceis de memorizar do que as palavras-passe. Por conseguinte, são recomendadas como um melhor mecanismo de autenticação no comércio eletrónico, bem como noutros sítios Web. Um participante considerou que a biometria deveria ser utilizada, para além das frases-chave, noutros sítios Web que não o comércio eletrónico. A equipa também concordou, com base na sua própria experiência pessoal, que a utilização de frases-chave autogeradas terá menos falhas de início de sessão devido a erros de memória do que os utilizadores de palavras-chave aleatórias geradas pelo sistema. As frases-passe criadas eram memoráveis, uma vez que eram frases de que se podiam lembrar facilmente e ainda assim manter a segurança. Os utilizadores sugeriram que a próxima fase do sistema consistiria em testar a utilização de frases-chave em diferentes línguas e verificar se a força seria diferente.

5.4 Implementação de um sistema de passphrase que será integrado no comércio eletrónico.
Algumas das perguntas dos grupos de discussão relacionadas com o objetivo três da investigação foram as seguintes

1. **O sistema foi fácil de navegar?**

2. **O sistema apresentou mensagens de erro que indicavam claramente como corrigir esses erros?**

3. **Consideraria a possibilidade de integrar este módulo num sítio Web de comércio eletrónico?**

4. **A conceção e o aspeto do sítio Web seriam apelativos para o utilizador?**

5. **A organização das informações nos ecrãs do sistema era clara?**

6. **Conseguiu aceder à página de registo sem introduzir a frase-chave correcta?**

7. **Existe alguma outra falha de segurança que possa ser resolvida no sistema?**

8. **Recomendaria a utilização de frases-chave a um proprietário de um sítio Web de comércio eletrónico?**

No que se refere ao terceiro objetivo, foi desenvolvido um protótipo com o objetivo de aumentar a segurança nas transacções de comércio eletrónico. Este módulo envolveu a integração de frases-chave em sítios Web de comércio eletrónico durante o checkout. Isto permitiria atenuar os desafios enfrentados quando se utiliza a autenticação baseada em palavras-passe. O investigador concluiu que a utilização de frases-chave seria menos vulnerável a ataques de dicionário e de força bruta. Seriam necessários milhares de anos para decifrar as palavras-passe.

Os participantes consideraram que os utilizadores deviam experimentar o sistema antes de este ser comercializado ou integrado em sítios Web de comércio eletrónico em funcionamento. Isto daria ao investigador uma ideia da perceção que os utilizadores têm da utilização de frases-chave e da facilidade com que se lembram dessas mesmas frases-chave ao fim de algum tempo. Também recomendaram a utilização de uma política de frases-chave bem pensada que orientasse os utilizadores mesmo quando estes criassem as suas próprias frases-chave. Foi sugerida uma hiperligação onde os utilizadores podem clicar para obter mais informações sobre as frases-chave.

As conclusões gerais do estudo foram que as frases-chave são um mecanismo de autenticação mais forte do que as palavras-passe. Seriam um excelente complemento para as técnicas já utilizadas para proteger os sítios Web de comércio eletrónico. Os participantes consideraram que mais sítios Web com informações sensíveis deveriam integrar a utilização de frases-chave e que deveria ser efectuada mais investigação sobre a utilização de frases-chave e as melhores práticas.

CAPÍTULO 6

DEBATES, CONCLUSÕES E RECOMENDAÇÕES

6.1 INTRODUÇÃO

Este capítulo apresenta um resumo do processo de investigação, começando com a definição do problema, a finalidade, os objectivos, a revisão da literatura, a metodologia e a análise dos dados. Além disso, este capítulo contém conclusões e recomendações.

6.2 RESUMO

O principal objetivo deste estudo era criar um mecanismo de autenticação seguro que pudesse ser integrado em sítios Web de comércio eletrónico. Para atingir este objetivo, foi necessário identificar os desafios encontrados quando se utilizam mecanismos de autenticação baseados em palavras-passe. Foi desenvolvido um protótipo com o objetivo de aumentar a segurança nas transacções de comércio eletrónico. Este módulo envolveu a integração de frases-chave em sítios Web de comércio eletrónico, o que permitiria atenuar os desafios que se colocam quando se utiliza a autenticação baseada em palavras-passe.

Os dados foram recolhidos através de discussões em grupos de discussão (FGD). Foram colocadas questões aos participantes do FGD, que tinham conhecimentos especializados em segurança das tecnologias da informação (TI), e estes deram feedback que seria útil para melhorar o protótipo desenvolvido. O estudo teve em consideração as sete etapas da ciência do design e a forma como foram aplicadas no estudo. As discussões dos grupos de centragem permitem uma flexibilidade na recolha de dados que não é normalmente conseguida quando se aplica um instrumento de recolha de dados individualmente. Existe também espontaneidade na interação entre os participantes. Os dados recolhidos respondem aos problemas de investigação apresentados no primeiro capítulo desta tese. Os instrumentos foram concebidos para responder aos objectivos do estudo, que eram os seguintes

- Identificar os desafios enfrentados quando se utilizam mecanismos de autenticação baseados em palavras-passe.
- Determinar como as frases-chave podem ser utilizadas para resolver desafios de autenticação baseados em palavras-passe através da implementação de políticas de frases-chave.
- Implementar um sistema de passphrase que será integrado em sítios Web de comércio eletrónico.

A investigadora analisou a literatura sobre as principais tendências do comércio eletrónico, os mecanismos de autenticação baseados em palavras-passe e os seus problemas de segurança, os mecanismos de autenticação baseados em frases-passe existentes e a forma como são criados. Analisou ainda a literatura sobre as tentativas de decifrar as frases-chave e as vantagens das frases-chave em relação às palavras-passe. A maior parte da literatura analisada indicava que as frases-chave são mais seguras e fáceis de memorizar. Foi também discutido o papel das frases-chave no comércio eletrónico. A importância da frase-chave reside no facto de a sua longevidade a tornar ainda mais segura e de, normalmente, ter de ser algo muito memorável para o utilizador; pode ser uma mistura de certas datas importantes e de um aniversário. Isto elimina qualquer forma de engenharia social que possa surgir para obter acesso não autorizado, garantindo assim a segurança. As preocupações temáticas foram discutidas por: Anderson e Saeden (2013); e Kini et al (2013).

A população-alvo era constituída por 7 peritos em segurança informática de um total de 20. Tratava-se de pessoas com experiência e conhecimentos especializados e cujos contributos contribuiriam para melhorar o sistema proposto. A amostragem por conveniência foi efectuada devido a restrições de tempo e de custos. O principal método de recolha de dados foi a discussão em grupo; os participantes tiveram acesso ao protótipo desenvolvido pelo investigador e, em seguida, deram feedback sobre a credibilidade do sistema. Os participantes assinaram formulários de consentimento antes de participarem; os formulários de consentimento articulavam os objectivos do estudo e também os informavam de que tudo o que dissessem nesse fórum seria confidencial. A discussão do grupo de discussão visava também estabelecer os desafios das técnicas de autenticação baseadas em palavras-passe e verificar se as frases-passe seriam uma melhor alternativa para transacções de comércio eletrónico seguras. Os dados foram analisados utilizando a análise temática; os dados dos grupos de discussão envolveram a leitura das transcrições, a codificação dos temas distintivos e o desenvolvimento dos códigos para apresentar os temas identificados. Foi seguido um procedimento sistemático durante a análise dos dados para garantir que os resultados fossem tão isentos de erros quanto possível.

O sistema proposto será um módulo integrado num sítio Web de comércio eletrónico. Os utilizadores são convidados a introduzir uma frase-chave quando efectuam o check-out. A frase-chave é selecionada pelo utilizador e segue determinadas directrizes de frase-chave que foram definidas. Depois de os utilizadores terem introduzido as palavras-passe correctas, podem fazer o check-out do artigo que estava no seu carrinho de compras.

Para efeitos de demonstração, o investigador utilizou o exemplo de uma loja de calçado em linha. Para além do novo módulo, as outras funcionalidades são as mesmas de uma loja em linha normal. Os sapatos à venda têm os preços e os tamanhos disponíveis. O utilizador pode comprar imediatamente e indicar o seu endereço de entrega. Se não estiver pronto para o comprar, pode colocá-lo no carrinho de compras e levantá-lo quando estiver pronto. Em seguida, indica o modo de pagamento que prefere.

6. 3DISCUSSÕES

A fraude na Internet está a aumentar a um ritmo acelerado, tanto a nível local como mundial. Embora a introdução das tecnologias digitais e da Internet tenha transformado as empresas e proporcionado ferramentas para a comunicação quotidiana, também criou oportunidades para a cibercriminalidade e a fraude em linha. Uma comparação entre a fraude na Internet no Quénia e noutros países desenvolvidos, como os EUA e o Reino

Unido, revela diferenças críticas em termos de âmbito. Por exemplo, o montante das perdas financeiras associadas à fraude na Internet no Quénia é baixo, apenas 9,4 milhões de dólares (Kanyaru & Kyalo, 2015). No entanto, prevê-se que os casos de fraude em linha aumentem no Quénia devido à crescente adoção de serviços de comércio eletrónico. Por conseguinte, devem ser considerados factores críticos de sucesso para reduzir a fraude em linha no Quénia. Em primeiro lugar, as empresas em linha têm de adotar novas medidas de segurança, uma vez que os métodos tradicionais de autenticação através de palavras-passe e nomes de utilizador não são suficientes (Kanyaru & Kyalo, 2015)

De acordo com o Kenya Cyber Security Report (2014), a cibersegurança é a preocupação crescente com o aumento das ciberameaças e a capacidade de mitigar os riscos no ciberespaço. Ocorre quando as vulnerabilidades do sistema são expostas, incluindo fraquezas tanto no hardware como no software, e os indivíduos com acesso a elas. Assumem as formas de guerra cibernética, espionagem, crime, ataques a infra-estruturas cibernéticas e exploração de sistemas informáticos. As consequências da ciberinsegurança incluem a perda de informações sensíveis, a violação da privacidade, a falta de acesso a serviços em linha e também a perda de receitas.

O relatório discutiu ainda as principais ciberameaças em 2013. O ecossistema operacional digital em rápido crescimento no Quénia é caracterizado por ataques cada vez mais frequentes e direccionados por pessoas de dentro e de fora do país, cada vez mais sofisticadas. Os atacantes utilizam meios inteligentes para penetrar nas fraquezas inerentes aos sistemas de segurança da informação, tornando obsoletos os métodos normais de deteção e resposta a incidentes (Kigen, Kisutsa, & Muchai, 2014).

A utilização de técnicas mais avançadas, como a autenticação baseada no conhecimento aleatório, em que os utilizadores respondem a perguntas de segurança aleatórias para confirmar a sua identidade, também é ideal. As empresas em linha também precisam de colocar controlos para evitar a fraude em linha por parte dos empregados que exploram vulnerabilidades na plataforma de comércio eletrónico. Os ataques de iniciados são comuns em muitas organizações. As fraudes cometidas por funcionários podem ser detectadas através de auditorias de segurança interna. Os consumidores também devem ser sensibilizados para a segurança quando efectuam transacções em linha. Devem ser informados sobre actividades suspeitas durante as transacções em linha para garantir que estão bem informados para evitar o acesso não autorizado a informações ou contas de cartões de crédito (Kanyaru & Kyalo, 2015).

6.2 Conclusão

Os resultados demonstram que as frases-chave podem ser utilizadas em vez das palavras-passe nos sistemas de informação. Também é importante notar que as frases-senha podem proteger contra ataques técnicos, mas não contra a engenharia social. Por conseguinte, é essencial que se dê ênfase à sensibilização, atitude e educação dos utilizadores. Existem várias formas de melhorar a segurança e a facilidade de utilização. No entanto, a melhoria de uma pode afetar negativamente a outra. Políticas de segurança rigorosas podem também tornar o sistema pouco amigável para o utilizador. Todos os sistemas têm requisitos de segurança diferentes; assim, os decisores políticos devem encontrar um equilíbrio, considerando tanto a segurança como a facilidade de utilização.

6.3 Recomendações

Por conseguinte, o investigador avança as seguintes recomendações:

- As palavras-passe devem ser concebidas para serem seleccionadas pelo utilizador, uma vez que são mais fáceis de utilizar do que as palavras-passe geradas pelo sistema

- Os utilizadores devem ter muito cuidado ao escrever ou armazenar frases-chave.

- É fundamental para uma organização ter uma política de segurança que sensibilize os utilizadores para as suas regras e que imponha a sua utilização.

- A política de frase-senha deve conter regras de composição e recomendações, como o comprimento mínimo, variações de caracteres e evitar palavras do dicionário e da cultura popular.

- Deve ser realizada mais investigação sobre a utilização de frases-chave no comércio eletrónico.

REFERÊNCIAS

(n.d.).

Anderson, D., & Saeden, D. (2013). Authentican with Paswords and Passphrases.

Anderson, W., & Singer, A. (2013). *Repensando as políticas de senha.* Wisconsin, EUA: Linux Journal.

Andersson, D., & Saeden, D. (2013). *Autenticação com palavras-passe e frases-passe.* Lunds Universitet.

Anton, A., & Earp, J. (2010). Strategies for Developing Policies and Requirements for Seure Electronic Commerce Systems. *CCS2000,* (pp. 1-12). Carolina do Norte.

Ben-Shabat, H., Moriarty, M., & Yuen, C. (2015). *O Índice Global de Comércio Eletrónico de Retalho de 2012.* Nova Iorque: A.T. Kearney.

Bethlahmy, J., & Schottmiller, P. (2011). *Expectativas avançadas de multicanal em mercados altamente desenvolvidos.* Carlifonia: CISCO.

Bonk, C. (2014). Um Sistema e Estudo de Frases de Passe Memoráveis e Seguras. *(Dissertação de mestrado, Instituto de Tecnologia da Universidade de Ontário) Recuperado de https://ir.library.dc-uoit.ca/handle/10155/480.*

Bonneau, J., & Shutova, E. (2014). *Linguistic properties of multi-word passphrases.* Londres: Universidade de Cambridge.

Universidade Nova de Buckinghamshire. (2015). *Autenticação de utilizadores e política de frases-chave.* Londres: Bucks New Univerisity.

Camut, M., & Hora , E. (2011). *Melhorando o sistema de geração de senhas memoráveis do Diceware.*

Cazier, J., & Dawn, M. (2011). *How Secure is your Password? An Analysis of E-Commerce Passwords and their Crack Times (Uma análise de senhas de comércio eletrônico e seus tempos de crack)*. Carolina do Norte: Appalachian State University.

CDC. (2008). *Métodos de recolha de dados para avaliação de programas: Focus Groups* .

Chakrabarti, S., & Singhal, M. (2007). *Autenticação baseada em senha: Preventing Dictionary Attacks*. Kentucky: IEEE Computer Society.

Cheok, L., Huiskamp, W., & Malinowski, A. (2012). *E-Commerce Trends and Payment Challenges for Online Merchants (Tendências do comércio eletrónico e desafios de pagamento para comerciantes em linha): Beyond Payment*. EUA: Modus Link.

Chiasson, S., & Van Oorschot, P. (2005). A Usability Study and Critique of Two Password *Managers*. Canadá: Carleton University.

Coughlan, P., Fulton, J., & Canales, K. (2007). Prototypes as (Design) Tools for Behavioral and Organizational Change. A *Design-Based Approach to Help Organizations Change work Behaviours, 43,* 1-13.

Craig, A., & Crouse, L. (2006). *A Culture of Mobility (Uma Cultura de Mobilidade)*. Joanesburgo: Vodacom.

Criteo. (2015). *eCommerce Industry Outlook 2015*. Chicago: Criteo.

Curry, S. (2003). *An Inside look at E-commerce Fraud*. Nova Iorque: Fraudchick.

EAC. (2014). *Relatório de Comércio da EAC*. Arusha, Tanzânia: Secretariado da EAC.

Esselaar, P., & Miller, J. (2010). Towards Electronic Commerce in Affica:A Perspective from Three Country Studies. *Journal of Information and Communication*.

(2014). *Evolution or Revolution in the fast moving consumer goods world*. Nova Iorque: Nielsen .

Autoridade Federal de Comunicações. (2015). *Guia de planeamento da cibersegurança*. EUA.

Freitas, H., & M, O. (2000). The Focus Group, A qualitative Research Method. Maryland: Universidade de Baltimore.

G, K., B, J., & A, R. (2013). Efeito da gramática na segurança de senhas longas. *In Proc. 3rd ACM Conference*.

Gale, F. S. (2013). *Setting The Course*. Wahington DC; PM Network.

Gikandi, J. W., & Bloor, C. (2010). Adoção e eficácia da banca eletrónica no Quénia. 277-282.

Halaweh, M., & Fidler, C. (2008). Perceção de segurança no comércio eletrónico: Conflict between Customer and. *Actas da Multiconferência Internacional em Ciências da Computação e Tecnologias da Informação, 443 - 449*.

Hevner, R. A. (2007). A Three Cycle View of Design Science Research. *Scandinavian Journal of Information System, 19(2)*.

Inria, N., & Caramel, E. (2013). *Crack Me I'm Famous: cracking weak passphrases using publicly-available sources*. Universidade de Calgary.

Jimenez, S. (2012). *A digital Savannah: A promessa do comércio eletrónico em África*. Johanesburgo: Amadeus.

Kanyaru, P., & Kyalo, J. (2015). Factores que afectam as transacções em linha nos países em desenvolvimento: Um caso de empresas de comércio eletrónico no condado de Nairobi, Quénia. *Journal of Educational Policy and Entrepreneurial Research (JEPER), 2*, 1-7.

Keith, M., Shao, B., & Steinhart, J. P. (2007). The usability of passphrases for authentication: an empirical field study. *International Journal of Human-Computer Studies, 17*-28.

Kigen, P., Kisutsa, C., *K* Muchai, C. (2014). *Segurança cibernética no Quénia*. Nairobi.

Kinuthia, J., & Akinnusi, J. (2014). A magnitude das barreiras enfrentadas pelo comércio eletrónico. *Journal of Internet and Information, 4*, 12-27.

Kinyanjui, M., & McCormick, D. (2002). Ecommerce in the garment industry in Kenya (Comércio eletrónico na indústria do vestuário no Quénia). *Ecommerce for developing countries: Building an evidence base* .

Kitonyi, S. (2012). *Um estudo exploratório sobre os hábitos de encomenda dos consumidores quenianos*. Nairobi: iHUB Research.

Kothari, C. R. (2004). *Research Methodology Methoda and Techniques (Metodologia e Técnicas de Investigação)*. Nova Deli: New Age International Limited Publishers.

Kumar, A., & Bilandi, N. (2014). Um sistema de autenticação baseado em senha gráfica para dispositivos móveis. *Revista Internacional de Ciência da Computação e Computação Móvel2*, 744-754.

Medlin, D., & Cazier, J. (2006). *Questões de segurança de senhas em um site de comércio eletrônico*. EUA: Appachalian State University.

Merchant, R. (2014). *The Illusion of Personal Data Security in E-Commerce:Dashlane Q1 2014 Personal Data Security Roundup*. Nova Iorque: Dashlane.

Nielsen, G., & Vedel, M. (2009). Melhorando a usabilidade da autenticação por frase secreta. *Tese de doutorado*.

Niranjanamurthy, M., & Dharmendra, C. (2013). O estudo das questões e soluções de segurança do comércio eletrónico. *Revista Internacional de Investigação Avançada em Engenharia Informática e de Comunicações, 2*(7), 2319-5940.

Payne, B., & Edwards, K. (2008). *Uma breve introdução à segurança utilizável*. Geórgia: Instituto de Tecnologia da Geórgia.

Peffers, K., Tuunanen, T., & Rothenberger, M. (2007). A Design Science Research Methodology for Information Systems Research. 24, 45-78.

Ping, Z., & Scialdone, M. (2011). Artefactos de TI e o estado da investigação em SI. *Conferência Internacional sobre Sistemas de Informação 2011*, 1-14.

Quinn, T. F., Biondi, J.-E., & Penmetcha, A. (2014). *Generating global growth through eCommerce expansion [Gerar crescimento global através da expansão do comércio eletrónico]*. Nova York: Deloitte.

Sandhana, P. (2005). Segurança do comércio eletrónico - Uma abordagem do ciclo de vida. *30,* 119-140.

Saranga, K., O Kelley , P. (2011). *Of Passwords andPeople:Measuring the Effect of PasswordComposition Policies [De senhas e pessoas: medindo o efeito das políticas de composição de senhas]*. Pittsburgh: Carnegie Mellon University.

Saranga, K., & Kelley, P. (2011). De senhas e pessoas: Measuring the Effect of PasswordComposition Policies. 9.

Schneider, P. (2011). *Comércio Eletrónico* (Vol. 9). Boston: Course Technology, CENAGE Learning.

Seth, G., & Podar, C. (2013). O estudo das questões de segurança do comércio eletrónico e. *Revista Internacional de Pesquisa Avançada em Engenharia da Computação e Comunicação, 2,* 28852895.

Sinan, N., & Ayse , S. (2011). Questões éticas no comércio eletrónico com base no comércio a retalho em linha. *Journal of Social Sciences, 7,* 1549-3652.

Sinan, N., & Sahin, A. (2010). Ethical Issues in E-Commerce on the Basis of Online Retailing (Questões éticas no comércio eletrónico com base no retalho em linha). *Journal of Social Sciences,* 190-198.

Singh, H. (2014). Revisão dos desafios de segurança do comércio eletrónico. *Revista Internacional de Investigação Inovadora em Engenharia Informática e de Comunicações,* 2(2), 2850-2858.

Sparell, P., & Simovits, M. (2015). *Linguistic Cracking of Passphrases using Markov Chains*. Estocolmo.

Thwarte. (2012). *Protegendo seu Servidor Web Apache com um Certificado Digital thwarte*. Cidade do Cabo: Thwarte.

UNCTAD . (2015). *Leis e regulamentos cibernéticos para melhorar o comércio eletrónico:*. Genebra: Secretariado da UNCTAD.

UNCTAD. (2016). *UNCTAD B2C E-commerce Index 2016*. Genebra. UNCTAD.

Vantiv. (2016). *Tendências do comércio eletrónico a observar em 2016*. Arizona: Vantiv.

Wang, D., & Ma, C.-g. (n.d.). Sobre a segurança de um esquema melhorado de autenticação de senhas baseado em ECC.

White, A., & Shaw, C. (2014). *Segurança, Linguística e Usabilidade; Desafios dos Tokens Pronunciáveis*. Carolina do Norte: Universidade da Carolina do Norte.

Zorayda, R. (2003). *E-commerce and e-business*. Nova Iorque: PNUD.

I want morebooks!

Buy your books fast and straightforward online - at one of world's fastest growing online book stores! Environmentally sound due to Print-on-Demand technologies.

Buy your books online at
www.morebooks.shop

Compre os seus livros mais rápido e diretamente na internet, em uma das livrarias on-line com o maior crescimento no mundo! Produção que protege o meio ambiente através das tecnologias de impressão sob demanda.

Compre os seus livros on-line em
www.morebooks.shop

Printed by Books on Demand GmbH, Norderstedt / Germany